Überprüfung von Gasrohrnetzen

2. Auflage

Norman Jänchen und Andreas Schweitzer (Hrsg.)

Überprüfung von Gasrohrnetzen

2. Auflage

Vulkan Verlag

Bibliografische Information der Deutschen Nationalbibliothek

Die Deutsche Nationalbibliothek verzeichnet diese Publikation in der Deutschen Nationalbibliografie; detaillierte bibliografische Daten sind im Internet über **www.dnb.de** abrufbar.

Überprüfung von Gasrohrnetzen

Norman Jänchen und Andreas Schweitzer (Hrsg.)
2. Auflage 2021

ISBN: 978-3-8027-3511-0 (Print)
ISBN: 978-3-8027-3512-7 (eBook)

Friedrich-Ebert-Straße 55, 45127 Essen, Deutschland
Telefon: +49 201 820 02-0, Internet: www.vulkan-verlag.de

Projektmanagement: Dipl.-Ing. (FH) Nico Hülsdau, Vulkan-Verlag GmbH, Essen
Lektorat: Dipl.-Ing. (FH) Nico Hülsdau; Kathrin Mundt, M.A., Vulkan-Verlag GmbH, Essen
Herstellung: Nilofar Mokhtarzada, Vulkan-Verlag GmbH, Essen
Umschlaggestaltung: Daniel Klunkert, Vulkan-Verlag GmbH, Essen
Satz: Schmidt Media Design, München
Druck: AC medienhaus GmbH, Wiesbaden
Titelfoto: Lothar Wirtz, Stadtwerke Neuss

Vorwort

Mit der Überarbeitung der DVGW-Regelwerksreihe G 465 und G 466 bestand die Notwendigkeit, ein neues Kompendium zur Gasrohrnetzüberprüfung und angrenzenden Themen der Instandhaltung von Gasrohrnetzen zu erarbeiten.

Das Buch ist als Schulungsunterlage für die theoretische Ausbildung der Gasspürer und Lotsen nach DVGW-Merkblatt G 468-2 konzipiert. Weitere Zielgruppen sind Verantwortliche für die Gasrohrnetzüberprüfung sowohl bei den Netzbetreibern, als auch bei Dienstleistungsunternehmen.

Die Themen des Schulungsplans nach DVGW-Merkblatt G 468-2 werden umfassend behandelt. Aufgrund unternehmens- und netzspezifischer Besonderheiten können zusätzliche Kenntnisse erforderlich werden.

Im nun vorliegenden Fachbuch zur Gasrohrnetzüberprüfung werden die weitreichenden Änderungen des Regelwerkes zu Inspektion und Wartung von Gasrohrnetzen berücksichtigt, die maßgeblich durch die technische Entwicklung der Gerätetechnik und der damit verbundenen, innovativen Überprüfungstechnologien bestimmt wurden. Des Weiteren wird die Anpassung der Druckstufengrenzen bei der Instandhaltung von Gasrohrnetzen bis 16 bar und über 16 bar berücksichtigt.

Norman Jänchen **Andreas Schweitzer**

Autoren

Dipl.-Ing. (FH) Stefan Hoffmann
Hermann Sewerin GmbH
Robert-Bosch-Str. 3
D-33334 Gütersloh
Kapitel 6

Dipl.-Ing. (FH) Norman Jänchen (Herausgeber)
inetz GmbH
Augustusburger Straße 1
09111 Chemnitz
Kapitel 2 und 4

Dipl.-Ing. Detlef Jagodzinski
DVGW Deutscher Verein des Gas- und Wasserfaches e.V.
Josef-Wirmer-Str. 1-3
53123 Bonn
Kapitel 1

Dipl.-Ing. (FH) Kai Kornemann
Dräger & Howarde GmbH
Technologie für Rohrnetzüberwachung
Hans- Böckler-Straße 72
58638 Iserlohn
Kapitel 3.2, 3.3.8 und 3.4

Ing. Hans Petrenz
Avacon Netz GmbH
Watenstedter Weg 75
38229 Salzgitter
Kapitel 3.1, 5, 7 und 8

Andreas Schweitzer (Herausgeber)
Hermann Sewerin GmbH
Robert-Bosch-Str. 3
D-33334 Gütersloh
Kapitel 3.3.2 bis 3.3.7

Inhalt

4. Wirkprinzipien und Gerätetechnik

Norman Jänchen

5. Armaturenkontrolle

Hans Petrenz

6. Freiverlegte Gasleitungen auf Werksgelände (G 614-2)

Stefan Hoffmann

7. Auswertung der Gasrohrnetzüberprüfung

Hans Petrenz

8. Leitungsortung

Hans Petrenz

Antworten

1. Einführung

Detlef Jagodzinski

1.1 Bedeutung und Ziele von Normen und technischen Regelwerken

Normen und Technische Regeln dienen der Vereinheitlichung von Anforderungen, z. B. an Produkte, Verfahren, Dienstleistungen, Management und Organisation. Sie setzen Maßstäbe zu Sicherheit, Qualität und Organisation. Sie prägen ein einheitliches Verständnis über die jeweiligen Inhalte und fördern so Wirtschaft, Allgemeinwohl und den Schutz der Gesellschaft.

In vielen Fällen präzisieren und detaillieren sie auch den vom Gesetzgeber gesetzten, verbindlichen Rechtsrahmen (siehe 1.2); Normen und technische Regeln erleichtern hier die sach- und fachgerechte Erfüllung der gesetzlichen Anforderungen (**Bild 1.1**). Die Anwendung von Normen und technischen Regelwerken ist grundsätzlich freiwillig. Sie haben in der Regel keinen rechtsverbindlichen Charakter.

Allerdings können Normen und technische Regelwerke vom Gesetzgeber herangezogen werden, um rahmengebende Rechtsvorschriften auszugestalten. Dafür werden sie in Gesetzes- oder Verordnungstexten direkt oder in Form von sogenannten Vermutungsregelungen in Bezug genommen. Der direkte Bezug kann zur verbindlichen Anwendung einer Technischen Regel verpflichten. Die Vermutungsregel lässt darauf

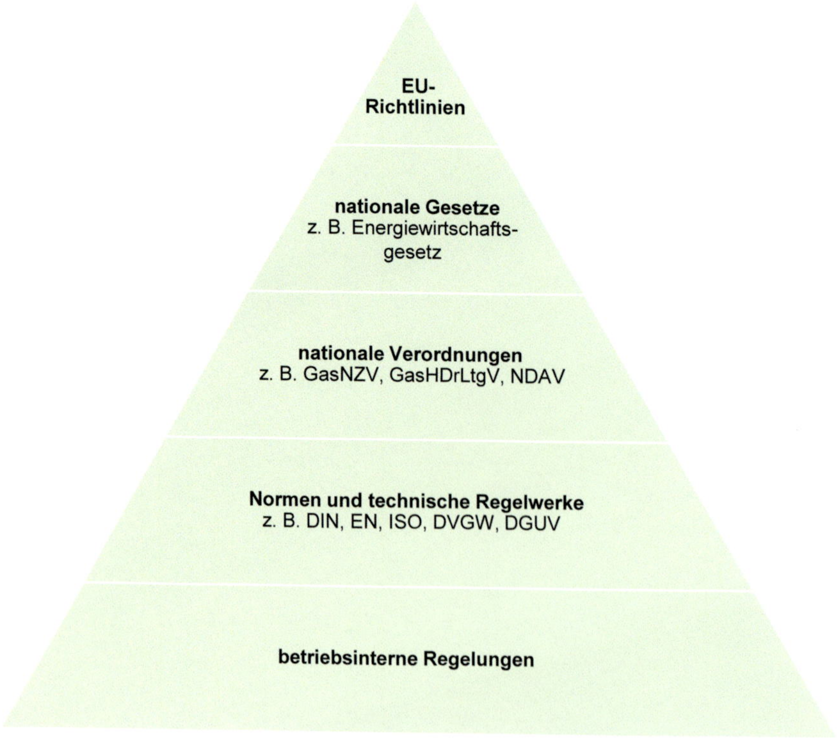

Bild 1.1: Hierarchie des Ordnungsrahmens für die Gasversorgung

schließen, dass die Anwendung der genannten Technischen Regeln Rechtssicherheit bietet.

Eine Vermutungsregel in Gesetzes- oder Verordnungstexten kann den allgemeinen Verweis auf sogenannte „Anerkannte Regeln der Technik“ (siehe 1.2) geben oder auch die technischen Regeln eines Regelsetzers eindeutig benennen. Der Vorteil besteht in beiden Fällen darin, dass technische Regeln laufend aktualisiert werden können und somit den neuesten Stand der Technik widerspiegeln, ohne dass es einer Überarbeitung des Gesetzes- oder Verordnungstextes bedarf.

Für die technische Sicherheit und Zuverlässigkeit der leitungsgebundenen Versorgung der Allgemeinheit mit Gas nimmt der deutsche Gesetzgeber die technischen Regeln des DVGW e. V. durch eine Vermutungsregelung im Energiewirtschaftsgesetz (EnWG) und auch in nachgelagerten Verordnungen (**Bild 1.2**) in Bezug. Durch diese Inbezugnahmen stellen die technischen Regeln des DVGW einen signifikanten Bestandteil des deutschen Technikrechts mit langjähriger Tradition dar.

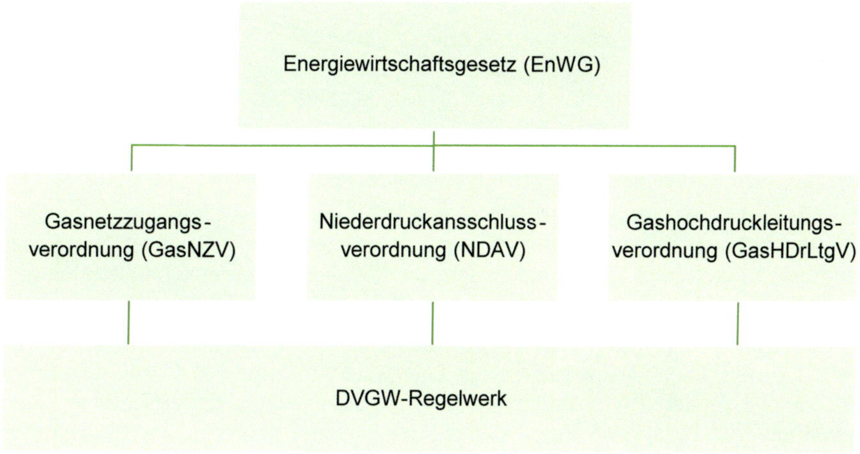

Bild 1.2: Bezugnahmen auf das DVGW-Regelwerk

1.2 Gesetzliche Grundlagen für das DVGW-Regelwerk

Das Gesetz über die Elektrizitäts- und Gasversorgung (Energiewirtschaftsgesetz – EnWG) ist die wesentlichste Rechtsgrundlage für die Energiewirtschaft und den leitungsgebundenen Transport von Gas und Elektrizität zur Versorgung der Allgemeinheit. In der Ursprungsfassung wurde es bereits im Jahre 1935 erlassen. Novelliert ist das Energiewirtschaftsgesetz im Juli 2005 in Kraft getreten. Inhaltlich ist es in zehn Teile untergliedert:

- „Allgemeine Vorschriften“ Teil 1 (§§ 1-5)
- „Entflechtung“ Teil 2 (§§ 6-10)

- „Regulierung des Netzbetriebs" Teil 3 (§§ 11-35)
- „Energielieferung an Letztverbraucher" Teil 4 (§§ 36-42)
- „Planfeststellung, Wegenutzung" Teil 5 (§§ 43-48)
- „Sicherheit und Zuverlässigkeit der Energieversorgung" Teil 6 (§§ 49-53)
- „Behörden" Teil 7 (§§ 54-64)
- „Verfahren und Rechtsschutz bei überlangen Gerichtsverfahren" Teil 8 (§§ 65-108)
- „Sonstige Vorschriften" Teil 9 (§§ 109-111)
- „Evaluierung, Schlussvorschriften" Teil 10 (§§ 112-118)

In den Paragrafen 1 und 49 des Energiewirtschaftsgesetzes wird ein Bezug zum DVGW-Regelwerk hergestellt. § 1 Satz 1 des Energiewirtschaftsgesetzes nennt unter Verweis auf den Einsatz erneuerbarer Energien als Zweck des Gesetzes eine möglichst sichere, preisgünstige, verbraucherfreundliche, effiziente und umweltverträgliche Versorgung mit Gas und Strom.

§ 1 Zweck des Gesetzes – Auszug EnWG
(1) Zweck des Gesetzes ist eine möglichst sichere, preisgünstige, verbraucherfreundliche, effiziente und umweltverträgliche leitungsgebundene Versorgung der Allgemeinheit mit Elektrizität und Gas, die zunehmend auf erneuerbaren Energien beruht.

Damit werden zwei wesentliche Säulen des DVGW-Regelwerkes angesprochen, nämlich die Technische Sicherheit und der Umweltschutz. Das Vermeiden von Erdgasfreisetzungen durch Leckstellen trägt wesentlich dazu bei, die gesetzlichen Rahmenvorgaben zu erfüllen.

Das Energierecht verwendet zahlreiche Fachbegriffe. Um die jeweiligen Begriffe zu erläutern und bei den Anwendern des Energiewirtschaftsgesetzes ein einheitliches Verständnis der Begriffe zu erzeugen, enthält § 3 des Energiewirtschaftsgesetzes einen umfangreichen Katalog an Begriffsdefinitionen.

So werden beispielsweise die Betreiber von Fernleitungs-, Gasversorgungs- und Gasverteilernetzen definiert. Der Begriff des Gasversorgungsnetzes kann dabei als Überbegriff angesehen werden, da Gasversorgungsnetze sowohl die Fernleitungs-/Transportnetze als auch die Gasverteilernetze umfassen.

§ 3 Begriffsbestimmungen – Auszug EnWG
5. Betreiber von Fernleitungsnetzen
Betreiber von Netzen, die Grenz- oder Marktgebietsübergangspunkte aufweisen, die insbesondere die Einbindung großer europäischer Importleitungen in das deutsche Fernleitungsnetz gewährleisten, oder natürliche oder juristische Personen oder rechtlich unselbstständige Organisationseinheiten eines Energieversorgungsunternehmens, die die Aufgabe der Fernleitung von Erdgas wahrnehmen und verantwortlich sind für den Betrieb, die Wartung sowie erforderlichenfalls den Ausbau eines Netzes,

a) das der Anbindung der inländischen Produktion oder von LNG-Anlagen an das deutsche Fernleitungsnetz dient, sofern es sich hierbei nicht um ein vorgelagertes Rohrleitungsnetz im Sinne von Nummer 39 handelt, oder
b) das an Grenz- oder Marktgebietsübergangspunkten Buchungspunkte oder -zonen aufweist, für die Transportkunden Kapazitäten buchen können,

6. Betreiber von Gasversorgungsnetzen
natürliche oder juristische Personen oder rechtlich unselbständige Organisationseinheiten eines Energieversorgungsunternehmens, die Gasversorgungsnetze betreiben,

7. Betreiber von Gasverteilernetzen
natürliche oder juristische Personen oder rechtlich unselbständige Organisationseinheiten eines Energieversorgungsunternehmens, die die Aufgabe der Verteilung von Gas wahrnehmen und verantwortlich sind für den Betrieb, die Wartung sowie erforderlichenfalls den Ausbau des Verteilernetzes in einem bestimmten Gebiet und gegebenenfalls der Verbindungsleitungen zu anderen Netzen,

Ein wesentlicher, wichtiger Bezug zum DVGW-Regelwerk wird in § 49 des Energiewirtschaftsgesetzes hergestellt. § 49 ist die zentrale Vorschrift des deutschen Energierechts für die Errichtung und den Betrieb von gastechnischen Einrichtungen.

In dem Paragrafen wird gefordert, dass Energieanlagen so zu errichten und zu betreiben sind, dass die technische Sicherheit gewährleistet ist. Dabei sind vorbehaltlich sonstiger Rechtsvorschriften die allgemein anerkannten Regeln der Technik zu beachten. Im nachfolgenden Satz 2 des Paragrafen wird dann ausgeführt, dass die Einhaltung der allgemein anerkannten Regeln der Technik vermutet wird, wenn bei Anlagen zur Erzeugung, Fortleitung und Abgabe von Gas die technischen Regeln der Deutschen Vereinigung des Gas- und Wasserfaches e. V.[1] eingehalten worden sind.

§ 49 Anforderungen an Energieanlagen – Auszug EnWG
(1) Energieanlagen sind so zu errichten und zu betreiben, dass die technische Sicherheit gewährleistet ist. Dabei sind vorbehaltlich sonstiger Rechtsvorschriften die allgemein anerkannten Regeln der Technik zu beachten.
(2) Die Einhaltung der allgemein anerkannten Regeln der Technik wird vermutet, wenn bei Anlagen zur Erzeugung, Fortleitung und Abgabe von
1. Elektrizität die technischen Regeln des Verbandes der Elektrotechnik Elektronik Informationstechnik e. V.,
2. Gas die technischen Regeln der Deutschen Vereinigung des Gas- und Wasserfaches e. V.
eingehalten worden sind. Die Bundesnetzagentur kann zu Grundsätzen und Verfahren der Einführung technischer Sicherheitsregeln, insbesondere zum zeit-

1 Anmerkung: Die im Gesetzestext genannte Deutsche Vereinigung des Gas- und Wasserfaches e. V. ist nach Inkrafttreten des Gesetzes im Rahmen einer Änderung der Vereinssatzung in Deutscher Verein des Gas- und Wasserfaches e. V. (DVGW) umbenannt worden.

lichen Ablauf, im Verfahren nach § 29 Absatz 1 nähere Bestimmungen treffen, soweit die technischen Sicherheitsregeln den Betrieb von Energieversorgungsnetzen betreffen. Dabei hat die Bundesnetzagentur die Grundsätze des DIN Deutsches Institut für Normung e. V. zu berücksichtigen.
(3) Bei Anlagen oder Bestandteilen von Anlagen, die nach den in einem anderen Mitgliedstaat der Europäischen Union oder in einem anderen Vertragsstaat des Abkommens über den Europäischen Wirtschaftsraum geltenden Regelungen oder Anforderungen rechtmäßig hergestellt und in den Verkehr gebracht wurden und die gleiche Sicherheit gewährleisten, ist davon auszugehen, dass die Anforderungen nach Absatz 1 an die Beschaffenheit der Anlagen erfüllt sind. In begründeten Einzelfällen ist auf Verlangen der nach Landesrecht zuständigen Behörde nachzuweisen, dass die Anforderungen nach Satz 1 erfüllt sind.

Dieser Vorschrift zufolge wird also vermutet, dass die anerkannten Regeln der Technik dann eingehalten werden, wenn die technischen Regeln des Deutschen Vereins des Gas- und Wasserfaches e. V. befolgt werden. Somit werden die technischen Regeln, eines privatwirtschaftlichen Vereins über die Vermutungsregel für eine ganze Branche als „Standard" definiert.

Diese Vorgehensweise ist weltweit einzigartig und Ausdruck des Vertrauens des Gesetzgebers in die Facharbeit des DVGW. Diese Vorschrift und das darin zum Ausdruck gebrachte Vertrauen hat eine über 80-jährige Tradition. Bereits in § 13 Satz 2 des EnWG von 1935 gab es eine Vermutungsregel hinsichtlich der Einhaltung wesentlicher Sicherheitsstandards, wenn die technischen Regeln des DVGW beachtet werden.

Die Rolle des DVGW als Regelsetzer basiert insbesondere auf drei Fakten:

- Mit einer Tätigkeit von über 160 Jahren verfügt der Verein über eine international nahezu einzigartige Branchenerfahrung, er kann einen hohen Mobilisierungsgrad der Gas- und Wasserbranche auf sich vereinen.
- Der Prozess der Abfassung und Überarbeitung der Regelwerke zur Findung der anerkannten Regeln der Technik ist auch gegenüber Nichtmitgliedern bzw. der Öffentlichkeit offen.
- Das transparente Regelsetzungsverfahren ermöglicht dadurch die Einbindung aller interessierten Fachkreise unter Berücksichtigung des gesamten Branchenwissens.

1.3 Grundsätze der Normung und technischen Regelsetzung

Normung und technische Regelsetzung sind die wesentlichen Instrumente der Technischen Selbstverwaltung. In fachspezifischen Ausschüssen regelsetzender Organisationen wie DIN, DVGW und VDI erarbeiten Fachexperten aus der Praxis Handlungsempfehlungen für die Anwendung in der Praxis.

In öffentlichen Einspruchsverfahren wird die Fachöffentlichkeit in die Entstehung der Normen und technischen Regeln eingebunden. Das Ergebnis sind Normen und technische Regeln, in denen die Handlungsempfehlungen als Anforderungen und/oder Empfehlungen formuliert sind. Dieser Regelsetzungsprozess basiert auf Konsens, Offenheit, Transparenz, Neutralität, Kohärenz und diskriminierungsfreiem Zugang zur Regelwerksarbeit – entsprechend den Normungsprinzipien der World Trade Organisation (WTO).

Insbesondere durch die Einbindung aller interessierter Kreise, wie z. B. Industrie, Verbraucher, Behörden, Wissenschaft, Forschung sowie durch die faktische Anwendung im Fach, erhalten technische Regeln den Status „Anerkannte Regel der Technik".

In DIN EN 45020 sind die Begriffe „Anerkannte Regel der Technik" und „Stand der Technik" definiert. Demzufolge sind „Anerkannte Regeln der Technik" technische Festlegungen, die von einer Mehrheit repräsentativer Fachleute als Wiedergabe des Standes der Technik angesehen wird.

„Stand der Technik" beschreibt ein entwickeltes Stadium der technischen Möglichkeiten zu einem bestimmten Zeitpunkt, soweit Erzeugnisse, Verfahren und Dienstleistungen betroffen sind, basierend auf den diesbezüglich gesicherten Erkenntnissen von Wissenschaft, Technik und Erfahrung.

Anerkannte Regeln der Technik und Normen bilden den Maßstab und die Grundlage für technisch richtiges Handeln.

Der wesentliche Unterschied zwischen Normung und technischer Regelsetzung liegt im Status der Regelsetzer selbst. Während der Begriff „technische Regelsetzung" sich auf die Erarbeitung von technischen Regeln durch Fachorganisationen wie beispielsweise DVGW oder VDI bezieht, erfolgt „Normung" durch die formal benannten Normungsorganisationen; in Deutschland durch DIN e. V., in Europa durch CEN und weltweit durch ISO.

Maßgeblich für das Gasfach in Deutschland sind insbesondere

- die Technischen Regeln des DVGW e. V.,
- die Technischen Regeln der Berufsgenossenschaften (DGUV) und
- die einschlägigen DIN-Normen (einschließlich DIN EN- und DIN EN ISO-Normen).

1.4 Unfallverhütungsvorschriften und berufsgenossenschaftliche Regelwerke – Regelwerk der Deutschen Gesetzlichen Unfallversicherung (DGUV)

Das Regelwerk der Deutschen Gesetzlichen Unfallversicherung (DGUV-Regelwerk) dient der Unterstützung der Unternehmer und Versicherten bei der Wahrnehmung ihrer Pflichten im Bereich Sicherheit und Gesundheitsschutz. Es enthält Empfehlungen im Sinne anerkannter Regeln der Technik.

Bei Einhaltung kann der Anwender davon ausgehen, dass er die Schutzziele der staatlichen Unfallverhütungsvorschriften einhält. Die Anwendung anderer technischer Regeln ist möglich, soweit diese Sicherheit und Gesundheitsschutz entsprechend gewährleisten.

Mit Blick auf das Gasfach ist die DGUV-Regel 100-500 „Betreiben von Arbeitsmitteln" relevant. Sie unterstützt Arbeitgeber in der Wahrnehmung ihrer Pflichten bezüglich des Arbeitsschutzes und der Unfallverhütung inklusive der Vermeidung von Berufskrankheiten. DGUV-Regel 100-500 greift die Schutzziele und Anforderungen der einschlägigen Gesetze, Verordnungen, Unfallverhütungsvorschriften und technischen Spezifikationen in Hinsicht auf das Betreiben von bzw. das Arbeiten an/mit verschiedenen Arbeitsmitteln auf. Sie gibt Erläuterungen sowie beispielhafte Lösungsmöglichkeiten, unter Einbezug der Erfahrungen aus der Präventionsarbeit der DGUV.

Relevant für das Gasfach sind die folgenden Kapitel:

- Kapitel 2.31 „Arbeiten an Gasleitungen"
- Kapitel 2.39 „Betreiben von Anlagen zur leitungsgebundenen Versorgung der Allgemeinheit mit Gas".

Gemäß Kapitel 2.31 sind als Arbeiten an Gasleitungen alle Arbeiten zu verstehen, bei denen durch Gas sowohl Brand-, Explosions- oder mechanische Gefahren (Expansion) entstehen können. Darüber hinaus zählen auch Arbeiten dazu, die mittels mechanischer, thermischer oder chemischer Verfahren vorgenommen werden und die Festigkeit oder Dichtheit der Gasleitung beeinträchtigen können.

Zu Arbeiten an Gasleitungen unter Druck zählt auch das Nachziehen von Flanschen und Stopfbuchsen. Nicht darunter fallen z. B. Anstricharbeiten und Umhüllungsarbeiten.

Bei den Arbeiten an Gasleitungen wird unterschieden in

- Arbeitsverfahren mit geringer Gefährdung und
- Arbeitsverfahren mit erhöhter Gefährdung.

Bei Arbeitsverfahren mit geringer Gefährdung wird z. B. beim Anbohren, Absperren oder Trennen von Gasleitungen der Austritt von Gas vermieden bzw. auf ein Minimum reduziert. Auch hierbei ist noch mit Brand- und Explosionsgefahr zu rechnen.

Daher darf auch beim Einsatz dieser Arbeitsverfahren nicht auf flammenhemmende Schutzkleidung und weitere Schutzmaßnahmen verzichtet werden.

Bei Arbeitsverfahren mit erhöhter Gefährdung wird unter kontrollierter Gasausströmung gearbeitet. Hierbei besteht im Arbeitsbereich Brand- und Explosionsgefahr, gegebenenfalls auch Erstickungsgefahr.

Von Brand- und Explosionsgefahr ist immer auszugehen, wenn bei brennbaren Gasen eine Konzentration von 50 % der unteren Explosionsgrenze (UEG) überschritten wird. Unterhalb dieser Konzentration gilt die Leitung bzw. der Arbeitsbereich als gasfrei.

1.5 Übersicht der für die Gasrohrnetzüberprüfung wichtigen DVGW-Regelwerke

In diesem Abschnitt soll ein Überblick über die Inhalte der für die Rohrnetzüberprüfung wichtigen DVGW-Regelwerke und DVGW-Informationen gegeben werden, die nachfolgend aufgeführt sind:

- DVGW-Arbeitsblatt G 465-1 „Überprüfen von Gasrohrnetzen mit einem Betriebsdruck bis 16 bar"
- DVGW-Merkblatt G 465-3 „Leckstellen an Gasleitungen in Gasrohrnetzen – Lokalisation, Klassifikation, Umgang mit Leckstellen"
- DVGW-Merkblatt G 465-4 „Gerätetechnik für die Überprüfung von Gasleitungen und Gasanlagen"
- DVGW-Arbeitsblatt G 466-1 „Gasleitungen aus Stahlrohren für einen Auslegungsdruck von mehr als 16 bar; Betrieb und Instandhaltung"
- DVGW-Arbeitsblatt G 466-2 „Gasrohrnetze aus duktilen Gussrohren mit einem Betriebsdruck von mehr als 4 bar bis 16 bar – Instandhaltung"
- DVGW-Information GAS Nr. 10 „Erdgasanlagen auf Werksgelände und im Bereich betrieblicher Gasverwendung; Hinweise auf das anzuwendende DVGW-Regelwerk"
- DVGW-Arbeitsblatt G 614-2 „Freiverlegte Gasleitungen auf Werksgelände hinter der Übergabestelle; Betrieb und Instandhaltung".

In den nachfolgenden Kapiteln wird im Detail auf die Anforderungen der jeweiligen DVGW-Regelwerke und deren Umsetzung in der Praxis der Rohrnetzüberprüfung eingegangen.

1.5.1 DVGW-Arbeitsblatt G 465-1 „Überprüfen von Gasrohrnetzen mit einem Betriebsdruck bis 16 bar"

Das Arbeitsblatt ist für die Überprüfung von Gasrohrnetzen für die Versorgung der Allgemeinheit mit Gas sowie der damit verbundenen Energieanlagen auf Werksgelände und im Bereich betrieblicher Gasverwendung mit einem maximal zulässigen Betriebsdruck bis 16 bar anzuwenden.

In Betrieb befindliche Gasrohrnetze sollen aus sicherheitstechnischer und umweltrelevanter Sicht gasdicht sein. Um diese grundlegende Forderung des Energiewirtschaftsgesetzes erfüllen zu können, sind Gasrohrnetze regelmäßig auf Leckstellen zu überprüfen. Das DVGW-Arbeitsblatt G 465-1 beschreibt dementsprechend planmäßige und situationsbedingte außerplanmäßige Überprüfungen und geht auch auf die Überprüfungsmethoden „Oberirdische Überprüfung mittels Gaskonzentrationsmessgeräten und Gasferndetektionsverfahren" und „Prüfung der Bodenluft zur Klassifikation der gefundenen Leckstelle" ein.

Zu beachten ist bei allen Überprüfungsmethoden die Dichte des Gases. In der Regel wird bei der Gasrohrnetzüberprüfung das Medium Erdgas betrachtet. Bei der Überprüfung von Flüssiggasnetzen ist zu bedenken, dass Flüssiggas schwerer als Luft ist und daher besondere Technologien und Methoden anzuwenden sind.

Die Überprüfung von Gasrohrnetzen umfasst alle Versorgungs- und Netzanschlussleitungen bis einschließlich der innenliegenden Teile des Netzanschlusses, der Hauptabsperreinrichtungen. Netzanschlussleitungen werden in der Regel gleichzeitig mit den Versorgungsleitungen überprüft.

Der Überprüfungsturnus ist vom Betreiber des Gasversorgungsnetzes festzulegen und wird im Wesentlichen bestimmt durch die Leckstellenhäufigkeit vorangegangener Überprüfungen, dem Betriebsdruck und dem Werkstoff der Leitungen.

Noch vorhandene Graugussleitungen (GG) sind mindestens einmal jährlich zu überprüfen.

Die Ergebnisse der Rohrnetzüberprüfung sind zu dokumentieren; die Dokumentation ist mindestens bis zur nächsten Überprüfung aufzubewahren.

Hinsichtlich der Klassifikation der gefundenen Leckstellen und dem weiteren Umgang mit den Leckstellen bis hin zu deren Beseitigung wird auf das DVGW-Merkblatt G 465-3 verwiesen.

Für die Überprüfung von Gasrohrnetzen sind Gaskonzentrationsmessgeräte oder Gasferndetektionsverfahren einzusetzen, die den Anforderungen des DVGW-Merkblattes G 465-4 entsprechen.

Die Überprüfungsarbeiten sind durch den Netzbetreiber selbst oder durch Fachfirmen mit entsprechender Befähigung auszuführen. Die Befähigung einer Fachfirma gilt als nachgewiesen, wenn sie beispielsweise ein DVGW-Zertifikat nach dem DVGW-Arbeitsblatt G 468-1 „Qualifikationskriterien für Gasrohrnetz-Überprüfungsunternehmen" besitzt.

Die ordnungsgemäße Durchführung der Überprüfungsarbeiten ist sichergestellt, wenn die erforderlichen Arbeiten durch Fachkräfte durchgeführt werden, die die dazu erforderliche Befähigung, beispielsweise nach DVGW-Merkblatt G 468-2 „Gasspürer-Schulungsplan", besitzen.

1.5.2 DVGW-Merkblatt G 465-3 „Leckstellen an Gasleitungen in Gasrohrnetzen – Lokalisation, Klassifikation, Umgang mit Leckstellen"

Das Merkblatt G 465-3 befasst sich thematisch mit der Beurteilung von im Rahmen der Rohrnetzüberprüfung festgestellten Leckstellen. Beschrieben werden die Ursachen von Leckstellen, die Einflussgrößen auf die Gasausbreitung, die Vorgehensweise zur Lokalisation und Klassifikation gefundener Leckstellen und der weitere Umgang mit Leckstellen und Verfahrensabläufe bis hin zu deren Beseitigung.

Häufige Ursachen für Leckstellen sind

- Korrosionsdurchbrüche bei Stahlrohren
- Leitungsbrüche und
- undichte Verbindungen.

Was können die ersten Ursachen von Leckstellen sein?

Mangelnde Qualität und fehlende Sachkunde bei Rohr- und Tiefbau sowie Vernachlässigung der Bauaufsicht bei der Errichtung von Gasversorgungssystemen können den Grundstein legen für die geringere Lebensdauer und Qualität einer Gasleitung.

Im Merkblatt werden ausführlich die nachfolgenden Einflussgrößen auf die Gasausbreitung beschrieben:

- Dichtheit der Oberfläche
- Bodenart und Bodendeckung
- Schleichwege des Gases im Boden
- Neigung der Leitung
- Bodenklima
- Bakterientätigkeit.

Hinzu kommen weitere Aspekte, die vom Gasspürer zu berücksichtigen sind:

- Beeinflussungen der Überprüfungsergebnisse durch Autoabgase oder andere Gase und Kohlenwasserstoffe
- Überprüfungserschwernisse beispielsweise durch grabenlose Verlegung aller Medien, Abdichtung von Unterbrechungen der Oberflächen durch Einsatz von Fugenbändern und Fugenvergussmassen oder Verlegung von Netzanschlussleitungen in Mantelrohren ohne Ringraumverfüllung.

Berücksichtigt man die genannten Einflussgrößen für die Gasausbreitung, so kann aus einer oberirdisch festgestellten Gaskonzentration jedoch kein Rückschluss auf die Leckgröße oder die austretende Leckmenge gezogen werden.

Die Klassifikation der Leckstelle wird durch den Abstand des Befundbereiches zu einem Bauwerk/Hohlraum bestimmt. Hierzu ist die Gasfreiheit durch Prüfung der Bodenluft festzustellen. Ist der Nachweis der Gasfreiheit nicht gegeben, wird der Abstand zum Gebäude/Hohlraum entsprechend der Leckklasse verringert. Der Befundbereich, der den geringsten Abstand zum Bauwerk/Hohlraum hat, bestimmt die Klassifikation der Leckstelle.

Die Leckklasse A I ist definiert als Befund von Brenngas mit einer Gaskonzentration von $\geq$ 10 ppm Brenngas in einem Bauwerk/Hohlraum, der durch eine Leckstelle an einer erdverlegten Leitung/Netzanschlussleitung einschließlich Hauptabsperreinrichtung (HAE) begründet ist. Im Falle der Leckklasse A I sind unverzüglich Sicherungsmaßnahmen zu ergreifen und die Gefahr ist zu beseitigen.

Im Anhang A des Merkblattes sind die Leckklassen und die ihnen zugeordneten Maßnahmen zusammengefasst dargestellt. Damit sind dem Betreiber einerseits leckstellensspezifische Maßnahmen vorgegeben, andererseits gibt es ihm aber auch die Möglichkeit, bei zielgerichteten außerplanmäßigen Überprüfungen und konkreten Reparaturplanungen Leckstellen effizient zu beseitigen. Das DVGW-Merkblatt G 403 „Entscheidungshilfen für die Instandhaltung von Gasverteilungsnetzen" ist hierbei zu beachten.

In weiteren Anhängen wird auf das Verhalten beim Auffinden von Brenngas in Bauwerken/Hohlräumen sowie Sicherungsmaßnahmen bei akuter Gefahr eingegangen.

1.5.3 DVGW-Merkblatt G 465-4 „Gerätetechnik für die Überprüfung von Gasleitungen und Gasanlagen"

Das Merkblatt beinhaltet die wesentlichen Anforderungen an die bei Gastransport, Gasverteilung und Gasanwendung zum Einsatz kommende mobile Gerätetechnik und deren Einsatzmöglichkeiten. Praktische Details zur Erläuterung der Einsatzfälle, der Wirkprinzipien und der erforderlichen Geräteprüfungen werden im Rahmen der Gasspürerschulungen nach DVGW-Arbeitsblatt G 468-2 behandelt.

Stand der Technik sind Kombinationsgeräte, die – je nach Bauart – Gaskonzentrationen mehrerer Gase ab 1 ppm bis 100 Vol.-% erfassen können und somit für mehrere Einsatzfälle geeignet sind. Teilweise können diese Kombinationsgeräte auch als mobile Gaswarneinrichtung für die Überwachung des Arbeitsraums verwendet werden.

Neben den allgemeinen Anforderungen an die Gerätetechnik werden Hinweise zur Durchführung von Geräteinspektionen, die u. a. die Sichtkontrolle sowie den Anzeigetest umfassen, der Prüfung der Anzeigegenauigkeit sowie zur Instandhaltung gegeben.

Die Benutzung einheitlicher Begriffe und einheitlicher Symbole bei der Anwendung der Geräte führt zu einer vereinfachten Handhabung der Gerätetechnik bei den Anwendern. Durch die menügeführte Auswahl des Einsatzfalles wird automatisch mit der richtigen Konfiguration, d. h. mit dem passenden Wirkprinzip, im zutreffenden Messbereich und mit den erforderlichen Signalen und Alarmen gearbeitet. Fehlhandlungen werden durch eine entsprechende Auswahl/Gerätekonfiguration vermieden.

Als Einsatzfälle sind im Merkblatt aufgeführt:

- Oberirdische Überprüfung
- Prüfung Bodenluft
- Prüfung Bauwerk
- Spülen
- Prüfung freiverlegte Leitungen
- Überwachung Arbeitsraum
- Ethananalyse.

Neben der Verwendung einheitlicher Begriffe führen auch einheitliche Symbole zu einer vereinfachten Handhabung der Gerätetechnik bei den Anwendern. Für die Kennzeichnung der Einsatzfälle sind die Symbole nach Anhang A zu verwenden.

Die Anforderungen an die Gerätetechnik für die jeweiligen Einsatzfälle bezüglich Messbereichsumfang, Mindestempfindlichkeit, Explosionsschutz, Detektion vor toxischen Gasen, Signalart sowie erforderlichem Prüfumfang sind in den Anhängen A und C dargestellt.

Anhang B geht auf spezielle Gerätetechnik und Systeme zur Gasdetektion, mit denen Gasaustritte z. B. aus der Entfernung erkannt werden können, ein.

1.5.4 DVGW-Arbeitsblatt G 466-1 „Gasleitungen aus Stahlrohren für einen Auslegungsdruck von mehr als 16 bar; Betrieb und Instandhaltung"

Das Arbeitsblatt ist für den Betrieb und die Instandhaltung von Gasleitungen zur Versorgung der Allgemeinheit mit Gas sowie der damit verbundenen Energieanlagen auf Werksgelände und im Bereich betrieblicher Gasverwendung mit einem Auslegungsdruck von mehr als 16 bar anzuwenden.

Wesentlicher Aspekt bei Gasleitungen mit einem Auslegungsdruck größer 16 bar ist die Tatsache, dass diese Leitungen größtenteils außerhalb der Bebauung verlaufen, und außerhalb der Bebauung modifizierte Überprüfungsmechanismen zweckmäßig sind.

So erfolgt die Überprüfung der Leitungen im Rahmen der Inspektionsmaßnahmen außerhalb bebauter Gebiete durch Streckenkontrollen in Form von Begehung, Befahrung oder Befliegung.

Innerhalb bebauter Gebiete, in denen Gasleitungen näher als 20 m an Wohngebäuden oder Gebäuden, die zum ständigen Aufenthalt von Menschen bestimmt sind, vorbeigeführt werden, ist die Leitungstrasse zusätzlich zu Streckenkontrollen durch Begehen, Befahren oder Befliegen mindestens einmal jährlich nach dem DVGW-Arbeitsblatt G 465-1 zu überprüfen.

Der Vollständigkeit halber soll an dieser Stelle das DVGW-Arbeitsblatt G 466-2 erwähnt werden.

Das Arbeitsblatt ist für den Betrieb und die Instandhaltung von Gasleitungen zur Versorgung der Allgemeinheit mit Gas sowie der damit verbundenen Energieanlagen auf Werksgelände und im Bereich betrieblicher Gasverwendung mit einem Betriebsdruck von mehr als 4 bar bis 16 bar aus duktilen Gasrohren anzuwenden.

Für die Überprüfung der Leitungen gelten Anforderungen entsprechend dem Arbeitsblatt G 466-1. Es werden Streckenkontrollen durch Begehen, Befahren oder Befliegen durchgeführt. Innerhalb bebauter Gebiete werden die Leitungen zusätzlich zur Streckenkontrolle mindestens einmal jährlich nach dem Arbeitsblatt G 465-1 überprüft.

1.5.5 DVGW-Information GAS Nr. 10 „Erdgasanlagen auf Werksgelände und im Bereich betrieblicher Gasverwendung; Hinweise auf das anzuwendende DVGW-Regelwerk"

Bei den auf Betriebsgelände betriebenen Anlagen zur Verteilung von Erdgas handelt es sich einschließlich der letzten Absperreinrichtung vor der Gasverbrauchsanlage um Energieanlagen im Sinne des Energiewirtschaftsgesetzes (EnWG).

Hinsichtlich der technischen Anforderungen an Energieanlagen ist insbesondere das Technische Regelwerk des DVGW zu beachten, bei Auslegungsdrücken größer 16 bar gelten darüber hinaus die Anforderungen der Gashochdruckleitungsverordnung (GasHDrLtgV).

Diese Hinweisschrift informiert die Betreiber einer Erdgasanlage auf Werksländе in Kurzform über die wesentlichen, aus dem geltenden DVGW-Regelwerk erwachsenden

Aufgaben für Planung, Errichtung, Änderung, Betrieb und Instandhaltung von Erdgasanlagen und Erdgasanwendungen, wie z. B. Gasgeräten und Thermoprozessanlagen. Inhaltliche Schwerpunkte der Gas-Information sind Inspektionsarbeiten und die Gasrohrnetzüberprüfung. Sie weist darüber hinaus auch auf weitere Besonderheiten hin, die neben dem DVGW-Regelwerk für den betrieblichen Erdgaseinsatz zu beachten sind. Gesetzliche und behördliche Vorschriften und Anordnungen bleiben unberührt.

Fehlt beispielsweise das technische Know-how für den Betrieb der Gasanlagen, besteht in vielen Fällen seitens der Betreiber der Anlagen auf Werksgelände reges Interesse an Unterstützung durch Fachleute des Gasnetzbetreibers.

Mit dem DVGW-Arbeitsblatt G 1010 „Anforderungen an die Qualifikation und die Organisation von Betreibern von Erdgasanlagen auf Werksgelände" werden Organisationspflichten definiert und Wege aufgezeigt, wie Fachleute als Dienstleister für „Branchenfremde" wirksam werden können.

1.5.6 DVGW-Arbeitsblatt G 614-2 „Freiverlegte Gasleitungen auf Werksgelände hinter der Übergabestelle; Betrieb und Instandhaltung"

Das Arbeitsblatt gilt für Betrieb und Instandhaltung von freiverlegten Gasleitungen auf Werksgelände hinter der Übergabestelle bis zur letzten Absperreinrichtung vor der Verbrauchsanlage/Gasverwendungseinrichtung. Es spezifiziert die Anforderungen an freiverlegte Gasleitungen als Ergänzung zu den geltenden Technischen Regeln (z. B. G 465 1, G 465-3, G 466-1).

Es gilt jedoch nicht für die Instandhaltung von Gas-Druckregelungen und Gas-Druckregel- und -Messanlagen nach DVGW-Arbeitsblatt G 495 „Gasanlagen – Betrieb und Instandhaltung" und Verdichter nach DVGW-Arbeitsblatt G 497 „Verdichterstationen" sowie im Bereich der DIN EN 746-2 „Industrielle Thermoprozessanlagen – Teil 2: Sicherheitsanforderungen an Feuerungen und Brennstoffführungssysteme".

Freiverlegte Gasleitungen auf Werksgelände im Sinne dieses Arbeitsblattes sind bis zur letzten Absperrarmatur vor der Verbrauchseinrichtung Energieanlagen im Sinne des EnWG. Die Anforderungen an Energieanlagen sind in § 49 des EnWG festgelegt. Für Gasleitungen und zugehörige Anlagen, die für einen maximal zulässigen Betriebsdruck von mehr als 16 bar ausgelegt sind, gelten darüber hinaus die Anforderungen der Gashochdruckleitungsverordnung.

Das Arbeitsblatt enthält ein neues Klassifizierungs- und Bewertungsschema von Leckagen und Mängeln für Gasleitungsanlagen auf Werksgelände. Aufgrund der unterschiedlichen Umgebungs- und Einbauvoraussetzungen kann diese Vorgehensweise aber nicht auf die Überprüfung von Gasinstallationen in der häuslichen oder vergleichbaren Anwendung übertragen werden.

Der Anhang 2 enthält ein Beispiel für ein orientierendes Bewertungsschema von Leckagen und Mängeln für Gasleitungsanlagen auf Werksgelände. Er dient als Handlungshilfe zur Bewertung der technischen Dichtheit von freiverlegten Gasleitungen auf Werksgelände.

Die Zeitabstände für die regelmäßigen Überprüfungen der Dichtheit der Leitungsanlage sind von den Betriebsbedingungen und dem technischen Zustand der Gasleitungen abhängig, z. B. von den Betriebsdrücken und der Leckstellenhäufigkeit. Sie sind in Tabelle 1 festgelegt.

Die erste Überprüfung der Leitungsanlage ist nach Fertigstellung und Erstinbetriebnahme spätestens nach einem Jahr durchzuführen.

Das DVGW-Arbeitsblatt G 614-2 gilt hinsichtlich des Betriebes und der Instandhaltung auch für bereits bestehende freiverlegte Leitungsanlagen auf Werksgelände.

1.6 Zusammenfassung

Die gesetzliche Grundlage für das DVGW-Regelwerk ist das Energiewirtschaftsgesetz. Das Gesetz geht in Form einer Vermutungsregelung davon aus, dass die Einhaltung der allgemein anerkannten Regeln der Technik gegeben ist, wenn bei Anlagen zur Erzeugung, Fortleitung und Abgabe von Gas die technischen Regeln der Deutschen Vereinigung des Gas- und Wasserfaches e. V. eingehalten worden sind.

Die Arbeitsblätter des DVGW-Regelwerks zur Gasrohrnetzüberprüfung wurden im Überblick und in ihren Zusammenhängen vorgestellt. Die ganzheitliche Betrachtungsweise, Anwendung und Beachtung der technischen Regeln und Hinweise schaffen Sicherheit und Vertrauen für das Produkt Gas. Unter Beachtung der Regelwerksanforderungen und der jeweiligen spezifischen Belange bilden diese das Fundament für eine sichere und wirtschaftliche Betriebsführung.

Exemplarische Fragen zur Selbstkontrolle

(1) Welche Zielsetzungen verfolgen Normen und technische Regelwerke?

(2) Welches Gesetz bildet die Grundlage für das DVGW-Regelwerk?

(3) Was besagt die Vermutungsregelung im Energiewirtschaftsgesetz?

(4) Welches Ziel verfolgen die Regelwerke der Deutschen Gesetzlichen Unfallversicherung (DGUV)?

(5) Was sind die wesentlichen Inhalte des DVGW-Arbeitsblattes G 465-1?

(6) Was wird im Rahmen der Gasrohrnetzüberprüfung nach DVGW-Arbeitsblatt G 465-1 geprüft?

(7) Nach welchen DVGW-Arbeitsblättern sind Gasleitungen mit einem Betriebsdruck größer 16 bar zu überprüfen?

(8) In welchem Turnus sind Gasleitungen mit einem Betriebsdruck größer 5 bar im bebauten Gebiet einer oberirdischen Überprüfung zu unterziehen?

(9) Was sind die wesentlichen Inhalte des DVGW-Merkblattes G 465-3?

(10) Was wird inhaltlich im DVGW-Merkblatt G 465-4 dargestellt?

2. Brenngase im Gasfach

Norman Jänchen

➢ Lernziele

Erdgase und Flüssiggase sind Brenngase mit unterschiedlicher Zusammensetzung und daraus resultierend unterschiedlichen Gaseigenschaften:

- Die Bestandteile von Gasgemischen und deren prozentuale Anteile haben Einfluss auf
  - den Brennwert von Brenngasen
  - die Dichte
  - bei bestimmten Mischungsverhältnissen mit Luft die Explosionsgrenzen
  - mögliche Gesundheitsgefahren bei gesundheitsschädlichen bzw. giftigen Bestandteilen in Brenngasen
- Einflüsse von gesundheitsschädlichen bzw. giftigen Bestandteilen in der Umgebungsluft bzw. in der Bodenluft

2.1 Wesentliche Gaseigenschaften

2.1.1 Gasdichte und Dichteverhältnis

Die Gaszusammensetzung von Gasgemischen und deren Dichte sind entscheidende Einflussgrößen für die praktische Tätigkeit des Gasspürers, aber auch auf die Wirkungsweise der Gerätetechnik. Als Dichte eines Stoffes bezeichnet man die Masse eines Stoffes in einem bestimmten Volumen.

Die Normdichte eines Gases ist die Masse in kg pro 1 m^3 des Gases bei den fest definierten Größen Normdruck = 1013 mbar und Normtemperatur = 20° Celsius.

Für das Verständnis der Wirkungsweise der Gerätetechnik und eine richtige Vorgehensweise des Gasspürers bei der praktischen Arbeit sind die genauen Zahlenwerte zur Dichte einzelner Gase nicht erforderlich. Es ist ausreichend, das Dichteverhältnis zu kennen und zu wissen, was leichte und was schwere Gase sind.

Das Dichteverhältnis ist die Dichte eines Gases bzw. Gasgemisches geteilt durch die Dichte von Luft. D. h., das Dichteverhältnis von Luft = 1.

Leichte Gase haben ein Dichteverhältnis kleiner 1 und sind z. B.

- Wasserstoff,
- Methan und
- Erdgas.

Schwere Gase haben ein Dichteverhältnis (gegenüber Luft) größer 1 und sind z. B.

- Ethan,
- Propan,
- Butan,
- Flüssiggas und
- Kohlenstoffdioxid.

Tabelle 2.1: Zusammenhänge zwischen Dichteverhältnis und Wärmeleitfähigkeit von Gasen

Gas	Formel	Dichteverhältnis		Wärmeleitfähigkeit [W/mK bei 0°C]
Wasserstoff	H_2	leichte Gase ↑	0,070	16,75
Methan	CH_4		0,553	3,06
Luft	Gemisch N_2 / O_2		1	2,39
Ethan	C_2H_6	↓	1,036	2,27
Propan	C_3H_8	schwere Gase	1,529	1,50
Kohlenstoff-dioxid	CO_2		1,537	1,42

In **Tabelle 2.1** sind die Zusammenhänge zwischen Dichteverhältnis und Wärmeleitfähigkeit dargestellt. Je kleiner die Dichte eines Gases, desto größer ist seine Wärmeleitfähigkeit. Das Dichteverhältnis hat direkten Einfluss auf die Schallgeschwindigkeit, ein früher verwendetes Wirkprinzip, und die Wärmeleitfähigkeit, ein Wirkprinzip, das heute noch in der Gerätetechnik verwendet wird.

2.1.2 Brennbarkeit und Brennwert

Erdgas ist das am häufigsten zum Einsatz kommende Brenngas in Deutschland. Transport und Verteilung von Erdgas findet in Gasnetzen statt. Die Dichtheit dieser Gasnetze ist einerseits ein Garant für eine sichere Gasversorgung, andererseits auch ein wichtiger Beitrag der Gaswirtschaft zur Minimierung von Methanemissionen der Umwelt zuliebe.

Erdgase und Flüssiggase sind Brenngase mit unterschiedlichen Brennwerten.

In definierten Grenzen, bei bestimmten Mischungsverhältnissen von Brenngasen mit Luft, besteht Explosionsgefahr. Den Bereich zwischen der unteren Explosionsgrenze (UEG) und der oberen Explosionsgrenze (OEG) bezeichnet man als Explosionsbereich. Liegt die gemessene Gaskonzentration im Bereich zwischen UEG und OEG, kann ein Zündfunke zum Brand oder zur Explosion, zur schlagartigen unkontrollierten Reaktion des Brenngases mit dem Sauerstoff der Luft, führen.

2.1.3 Giftigkeit, Gesundheitsschädlichkeit und Gefährdungspotenzial

Die Gesundheitsschädlichkeit von Gasen/Gasgemischen wird durch den Arbeitsplatzgrenzwert (AGW) definiert. Der Arbeitsplatzgrenzwert (AGW) ist der Grenzwert für die Konzentration eines Stoffes in der Luft. Für das Tätigkeitsfeld eines Gasspürers wichtige Arbeitsplatzgrenzwerte relevanter Gase sind in **Tabelle 2.2** dargestellt.

Erdgas ist im Gegensatz zum früher verwendeten Stadtgas nicht giftig. Das Gefährdungspotenzial besteht in der Explosionsgefahr. Im Gasfach wird darauf geachtet, alle Arbeiten mittels „Arbeitsverfahren geringer Gefährdung" (siehe DGUV 100-500, Kapitel 2.31) durchzuführen. Das trifft ebenso für das gesundheitsschädliche Flüssiggas zu.

Tabelle 2.2: Übersicht zu Arbeitsplatzgrenzwerten (AGW) relevanter Gase

Gas/Gasgemisch	anzutreffen in	Arbeitsplatz-grenzwert (AGW)
Erdgas	Baugruben und Bauwerken	kein AGW
Flüssiggas	Baugruben und Bauwerken	1000 ppm
Kohlenstoffmonoxid	Bauwerken (bei unvollständiger Verbrennung)	30 ppm
Schwefelwasserstoff	Biogasanlagen und Biogasleitungen	5 ppm

Explosionsgefahr besteht, wenn die Konzentration eines Brenngases in Luft zwischen der unteren Explosionsgrenze (UEG) und der oberen Explosionsgrenze vorliegt.

Der Explosionsbereich ist definiert:

- für Erdgas: ca. 4 - 17 Vol.-%
- für Flüssiggas: ca. 2 - 10 Vol.-%

Kohlenstoffmonoxid wird in letzter Zeit wieder vermehrt bei Gasgeruchsmeldungen und im Bereitschaftsdienst angetroffen. Die Ursachen sind einerseits im sehr geringen Luftwechsel der heutigen Gebäude begründet, andererseits darin, dass in Gebäuden raumluftabhängige Feuerstätten betrieben werden, ohne dabei für ausreichend Verbrennungsluft zu sorgen. Das Resultat ist eine unvollständige Verbrennung mit dem hochgiftigen Verbrennungsprodukt Kohlenstoffmonoxid.

2.2 Herkunft und Zusammensetzung von Erdgasen

Wesentlichen Einfluss auf die Entstehung einer Geräteanzeige und das Messergebnis haben die Gaszusammensetzung verschiedener Erdgase (siehe **Tabelle 2.3**) und daraus resultierende Gaseigenschaften.

Das Erdgas aus Russland und den Ländern der ehemaligen Sowjetunion hat einen sehr hohen Anteil an Methan und, was den Ethannachweis schwierig gestaltet, einen geringen Anteil an Ethan.

Tabelle 2.3: Erdgasherkunft und Gaszusammensetzung

Bestandteile in Vol.-%		Erdgasherkunft		
		Russland	Nordsee	Niederlande / Deutschland
Methan	CH_4	98,1	84,4	82,0
Ethan	C_2H_6	0,6	7,7	3,3
Propan	C_3H_8	0,2	1,9	0,6
Butan	C_4H_{10}	0,1	0,6	0,3
Kohlenstoffdioxid	CO_2	0,1	1,4	1,2
Stickstoff	N_2	0,9	4,0	12,6
Sauerstoff	O_2	< 0,1	< 0,1	< 0,1

Nordsee-Erdgas gehört ebenso wie das Erdgas aus Russland zur Gruppe der H-Gase gemäß DVGW-Arbeitsblatt G 260 „Gasbeschaffenheit", weist aber deutliche Unterschiede in der Zusammensetzung im Vergleich zu russischem Erdgas auf. Der geringere Anteil von Methan, ca. 85 Vol.-%, wird durch Anteile von ca. 10 Vol.-% höheren Kohlenwasserstoffen (Ethan, Propan, Butan) ausgeglichen.

Das zur Gruppe der L-Gase gehörende Erdgas aus den Niederlanden und Deutschland hat dagegen einen Anteil von Stickstoff > 10 Vol.-%, was sich in einem geringerem Brennwert widerspiegelt.

In der Praxis ist im Einsatzfall „Spülen" bis zu 100 Vol.-% Brenngas in der Leitung nachzuweisen. Aufgrund der unterschiedlichen Gaszusammensetzung ergeben sich für Erdgase unterschiedlicher Herkunft für reines Erdgas verschiedene Anzeigen:

- z. B. für H-Gas aus Russland ca. 96-97 Vol.-% Methan
- z. B. für H-Gas aus der Nordsee ca. 85-89 Vol.-% Methan.

Voraussetzung ist natürlich, dass als Prüfgas bei der Kalibrierung des Gaskonzentrationsmessgerätes 100 Vol.-% Methan verwendet wurden. Abhängig ist der angezeigte Wert für bis zu 100 Vol.-% Brenngas auch vom konstruktiven „Innenleben" der Gerätetechnik, weil es für die Anzeige entscheidend ist, wie Schwergase den Anzeigewert beeinflussen.

2.3 Besonderheiten von Flüssiggasen

Flüssiggas ist ein Gasgemisch aus Propan und Butan. In Deutschland ist ein Mischungsverhältnis von 95 Vol.-% Propan und 5 Vol.-% Butan weit verbreitet. In anderen Ländern sind auch andere Mischungsverhältnisse anzutreffen, in Frankreich z. B. 45 Vol.-% Propan und 55 Vol.-% Butan.

Die aufgeführten Unterschiede haben die in **Tabelle 2.4** beschriebenen Auswirkungen.

Tabelle 2.4: Unterschiede bei der Arbeit mit Erdgas und mit Flüssiggas und ihre Auswirkungen

Erdgas	Auswirkung auf	Flüssiggas
möglich	oberirdische Überprüfung (Gasausbreitung im Erdboden)	nicht möglich (nur mit speziellen Technologien, z. B. H_2-Zumischung)
Erdgas „steigt" nach oben	Prüfung im Bauwerk (Gasausbreitung im Raum)	Flüssiggas „sinkt" nach unten
Gefahr des Eindringens von Erdgas z. B. über offene Fenster in Gebäude	Gasausbreitung im Freien (Spülen)	Gefahr des Eindringens von Flüssiggas z. B. in Schächte und Kanäle
Schwergaseinfluss wird durch die Gerätetechnik kompensiert	Prüfung der Bodenluft	ja (mit speziellen Geräten)
zulässig (siehe TRGI und kein AGW-Wert)	Gebrauchsfähigkeitsprüfung	nicht zulässig (siehe TRF und AGW-Wert = 1000 ppm)

Flüssiggas kommt in Deutschland zur leitungsgebundenen Gasversorgung relativ selten zum Einsatz; meist nur als vorübergehende Versorgung bis der Anschluss an die Erdgasversorgung realisiert wird.

Was unterscheidet Flüssiggas von Erdgas?

- Flüssiggas ist schwerer als Luft, das Dichteverhältnis ist > 1
- Flüssiggas hat einen höheren Energieinhalt (Brennwert) als Erdgas
- Flüssiggas ist gesundheitsschädlich, AGW-Wert = 1000 ppm

2.4 Besonderheiten von Biogasen

Biogas hat in der Energieversorgung der Gegenwart an Bedeutung gewonnen und eine Konfrontation des Gasspürers mit diesem Gas ist durchaus möglich. Deshalb sind Grundkenntnisse zum Thema Biogas erforderlich.

Zu unterscheiden ist in

- Roh-Biogas, das neben Methan, Kohlenstoffdioxid und Wasser u. a. auch die giftigen Bestandteile Ammoniak und Schwefelwasserstoff enthält und
- Bio-Erdgas, das gereinigt und aufbereitet zur Einspeisung in das Erdgas-Netz geeignet ist.

Beim Umgang mit Roh-Biogas ist also besonders auf die niedrigen Arbeitsplatzgrenzwerte der giftigen Bestandteile zu achten. Zusätzlich bestehen neben der Explosionsgefahr noch Gefährdungen durch Ersticken. Bei Austritten von Roh-Biogas unter Erdgleiche verdrängt das in großen Mengen enthaltene Kohlenstoffdioxid den Luft-Sauerstoff.

2.5 Bestandteile von Bodenluft mit Einfluss auf die Gasrohrnetzüberprüfung

Das Brenngas Methan kann aus folgenden Gründen im Erdreich vorkommen:

- Vorhandensein biologischer Stoffe im Erdboden und deren Zersetzung
- Natürliches Vorkommen durch z. B. „Gasblasen" im Steinkohlenbergbau
- Natürliches Vorkommen durch Gasaustritt bei der Erdöl-/Erdgasförderung
- Leckstellen an Gasversorgungssystemen.

Im Falle des Antreffens von Methan im Erdreich finden Umsetzungsprozesse statt, bei denen der Sauerstoff im Erdreich mit Methan reagiert. Die Folgen sind ein Absinken des Sauerstoffanteils in der Bodenluft und die Bildung des Schwergases Kohlenstoffdioxid.

Praktische Erfahrungen belegen, dass bei der oberirdischen Überprüfung Methan gefunden wurde, aber nach Aufgrabung keine Leckstelle aufzufinden war.

Tabelle 2.5: Unterschiede in der Zusammensetzung der Luft im Freien und im Erdboden

Bestandteile in Vol.-%	**Luft**		
	im Freien	**im Erdboden je nach Durchlüftung (Bodengase)**	
		gut durchlüftet	**schlecht durchlüftet**
CO_2	< 0,1	1-2	5-30
N_2	79,2	75-79	65-79
O_2	20,7	18-21	0-15

Bei der Prüfung der Bodenluft kann mittels Ethannachweis festgestellt werden, ob das Methan im Erdboden aus Fäulnis- oder Zersetzungsprozessen stammt und nicht aus einer Erdgasleitung.

Das ist insofern wichtig, weil bei Umweltschäden, z. B. absterbenden Bäumen, ganz zu Recht nach einem Schuldigen, einem Verursacher, gesucht wird. Das Engagement der Gaswirtschaft in dichte Gasleitungssysteme und die planmäßigen Inspektionsarbeiten hat in den letzten Jahren zu deutlich weniger Leckstellen geführt, so dass Leckstellenhäufigkeiten von weniger als 0,1 Leckstellen pro überprüftem km Leitungslänge keine Seltenheit mehr sind. Das ist eine erfolgreiche Entwicklung im Sinne der Versorgungssicherheit und des Umweltschutzes.

Die Zusammensetzung der Bodenluft ist abhängig von

- der Konsistenz des Erdreichs, seiner Gasdurchlässigkeit,
- den Bestandteilen des Erdbodens (organische Bestandteile werden umgesetzt zu Methan) und
- dem Bodenklima und der Witterung, da Feuchtigkeit und Temperatur sowohl die Bildung von Methan im Erdboden als auch dessen Umsetzung zu Kohlenstoffdioxid beeinflussen.

Bei Untersuchungen wurde festgestellt, dass Bodenbakterien in Abhängigkeit von der Bodentemperatur (Sommer/Winter) Methan umsetzen und dadurch die in **Tabelle 2.5** aufgeführten niedrigen Anteile Sauerstoff und hohen Anteile Kohlenstoffdioxid anzutreffen sind.

In der Vergangenheit wurde bei der Prüfung der Bodenluft die Vorschaltung eines Natron-Kalk-Filters empfohlen, um den Einfluss von Kohlenstoffdioxid zu kompensieren.

In **Bild 2.1** ist exemplarisch die Gasverteilung im Umfeld einer Leckstelle im Erdboden dargestellt. An der Austrittsstelle von Erdgas aus dem Gasnetz sind die höchsten Konzentrationen von Methan und Kohlenstoffdioxid anzutreffen, während der Sauerstoffgehalt an dieser Stelle gegen Null geht. Der Anteil von Kohlenstoffdioxid resultiert aus der Umsetzung des Methans im Erdboden. Aufgrund der höheren Dichte von Kohlenstoffdioxid im Vergleich zu Luft wird der Sauerstoff verdrängt. Gerätetechnik, die zusätzlich mit einem Sauerstoff-Sensor bestückt ist, können diese geringere Sauerstoff-

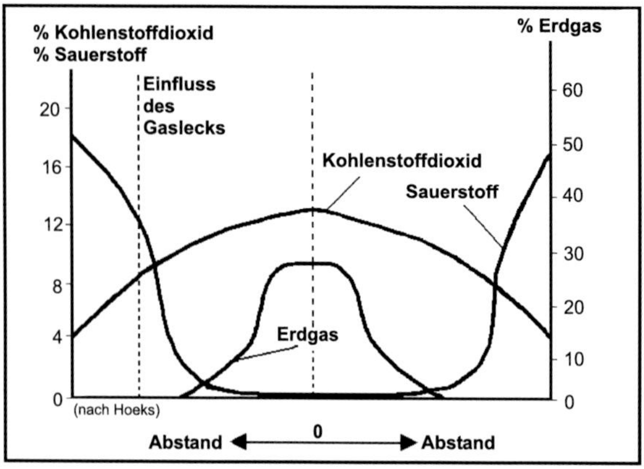

Bild 2.1: Beispielhafte Darstellung der Gaszusammensetzung der Bodenluft im Umfeld einer Leckstelle (nach Hoeks)

konzentration in der Bodenluft anzeigen und sind für den Gasspürer ein wichtiger Hinweis, dass sich die Bestandteile der Bodenluft wesentlich verändert haben.

Das gleiche Erscheinungsbild findet man aber auch im Erdboden mit einer Anreicherung von organischen Stoffen. Wenn diese organischen Stoffe sich im Erdboden zersetzen und Methan bilden, wird auch dieses Methan umgesetzt und es entsteht ein Bodenklima mit Kohlenstoffdioxidanreicherung und Sauerstoffmangel.

Mit der heute zum Einsatz kommenden Gerätetechnik wird entweder Methan selektiv gemessen (Infrarotabsorption) oder durch die Gerätekonfiguration und Software der Einfluss von Kohlenstoffdioxid kompensiert. Damit ist sichergestellt, dass bei der Klassifikation von Leckstellen die tatsächliche Ausbreitung von Erdgas im Erdboden berücksichtigt wird.

2.6 Odorierung und Riechbarkeit von Brenngasen

Erdgas ist farblos und geruchlos. Um Erdgas auch für den Anwender und Endverbraucher, der über keine Gerätetechnik zur Gasdetektion verfügt, wahrnehmbar zu machen, ist Erdgas zu odorieren. Durch definierte Zumischung eines Odoriermittels ist bei Brenngasen ein Warngeruch zu erzeugen. In der Praxis ist Erdgas damit auch für den Anwender ab einer Gaskonzentration von ca. 200 ppm ohne Gerätetechnik sicher geruchlich wahrnehmbar. Damit ist auch die Sicherheit in der häuslichen Gasverwendung sichergestellt.

2.7 Zusammenfassung

Erdgas ist das wichtigste Brenngas der Gasversorgung in Deutschland, mit dem der Gasspürer hauptsächlich konfrontiert wird.

Hauptgefährdungspotenzial von Erdgas ist seine Explosionsgefahr. Eine Gesundheitsgefährdung geht von Erdgas nicht aus.

Gaseigenschaften, deren Zusammensetzung und mögliche Gefährdungspotenziale weiterer Brenngase, wie z. B. Flüssiggas und Biogas, werden im Überblick vorgestellt.

Somit ist einerseits eine korrekte Vorgehensweise des Gasspürers sichergestellt, andererseits sind grundlegende Kenntnisse zu Gaseigenschaften für das Verständnis der Funktionalität der Gerätetechnik und der verwendeten Wirkprinzipien erforderlich.

Exemplarische Fragen zur Selbstkontrolle

(1) Welche Gefährdungspotenziale hat Erdgas?

(2) Welche Maßeinheiten für die Messung einer Gaskonzentration kennen Sie?

(3) Welche Gefährdungspotenziale hat Biogas?

(4) Wodurch unterscheiden sich Erdgas und Faulgas?

(5) Welchen Wert hat das Dichteverhältnis von Erdgas?

(6) Wie ist der Explosionsbereich von Erdgas definiert?

(7) Wie ist der Explosionsbereich von Flüssiggas definiert?

(8) Welchen Arbeitsplatzgrenzwert (AGW) hat Kohlenstoffmonoxid?

(9) Welchen Arbeitsplatzgrenzwert (AGW) hat Flüssiggas?

(10) Welchen Arbeitsplatzgrenzwert (AGW) hat Schwefelwasserstoff?

3. Überprüfung von Gasrohrnetzen

Hans Petrenz (Kapitel 3.1)
Kai Kornemann (Kapitel 3.2, 3.3.1, 3.3.8, 3.4)
Andreas Schweitzer (Kapitel 3.3.2–3.3.7)

3.1 Anforderungen an Netzbetreiber, Fachfirmen und Fachkräfte

➢ Lernziele

- Die für die Gasrohrnetzüberprüfung (GRNÜ) wichtigen Aufgaben und Verantwortlichkeiten von:
  - Netzbetreiber
  - Fachfirma
  - Fachkraft
  - Verantwortlicher Fachmann
  - Technische Führungskraft
- Die erforderlichen Qualifikationsanforderungen und Kenntnisse der einzelnen Akteure
- Organisation der GRNÜ durch den Netzbetreiber, Ausführung durch den Gasspürer
- Wichtige Gefährdungen bei der Gasrohrnetzüberprüfung

Die ordnungsgemäße Gasrohrnetzüberprüfung (GRNÜ) hat einen großen Stellenwert für die sichere Gasversorgung in Deutschland. Neben der Armaturenkontrolle und dem passiven und aktiven Korrosionsschutz bildet sie den dritten operativen Teil der Instandhaltung von Gasrohrnetzen. Dabei kommen verschiedene Akteure zum Einsatz (**Bild 3.1**). Im folgenden Kapitel werden die einzelnen Aufgaben und Pflichten der Akteure und deren Zusammenspiel erläutert.

Auf der einen Seite haben wir die Unternehmen und auf der anderen Seite deren Personal. Der DVGW kümmert sich um die Regelwerkssetzung, um den aktuellen Stand der Technik abzubilden. Eine weitere Aufgabe des DVGW ist die Schulung und Zertifizierung der weiteren Akteure und Produkte. Die Gerätehersteller stellen G 465-4-konforme Geräte zur Gasrohrnetzüberprüfung her, weisen in diese ein und können auch mit der Instandhaltung der Geräte betraut werden. Außerdem forschen

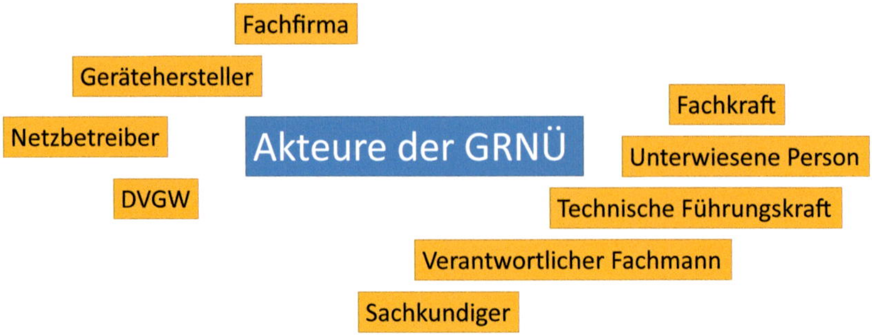

Bild 3.1: Akteure der Gasrohrnetzüberprüfung

sie, teilweise mit dem DVGW zusammen, an neuen Technologien zur Rohrnetzüberprüfung. Die weiteren Akteure erhalten im Nachfolgenden jeweils ein eigenes Kapitel.

3.1.1 Netzbetreiber

Ein Netzbetreiber – im Sinne dieses Buches – ist ein Unternehmen, das Gasversorgungsanlagen betreibt. Der Betrieb hat gemäß des Energiewirtschaftsgesetzes nach den Regeln der Technik zu erfolgen. Unabhängig von Eigentumsverhältnissen und Organisationsformen ergeben sich für das Unternehmen daher einige Aufgaben. Diese werden im DVGW-Arbeitsblatt G 1000 dargestellt (**Bild 3.2**).

Der Netzbetreiber hat alle diese Tätigkeitsfelder in seiner Verantwortung. Die Unternehmensführung muss dazu sicherstellen, dass die technische, finanzielle und personelle Ausstattung vorhanden ist. Außerdem muss sie sicherstellen, dass die Durchführung dem Regelwerk entspricht. Dazu ist ein entsprechendes Organisationssystem aufzubauen. Bei diesem sind alle Aufgaben und Schnittstellen klar voneinander abzugrenzen. Hier wird der Netzbetreiber sich dann einem DVGW-Audit stellen und sein Technisches Sicherheitsmanagement (TSM) zertifizieren lassen.

In Bezug auf die GRNÜ wird der Netzbetreiber bei der TSM-Zertifizierung nach denselben technischen Anforderungen, wie eine Fachfirma nach G 468-1 überprüft. Die Aufgaben des verantwortlichen Fachmanns übernimmt dann eine technische Fach- oder Führungskraft. Auf die Anforderungen wird in einem eigenen Kapitel zur Fachfirma genauer eingegangen.

Somit ist es in Hinblick auf die Qualität und Sicherheit egal, ob die Gasrohrnetzüberprüfung durch eine nach G 468-1 zertifizierte Fachfirma oder durch den, nach TSM zertifizierten Netzbetreiber selbst durchgeführt wird. Diese strategische Entscheidung

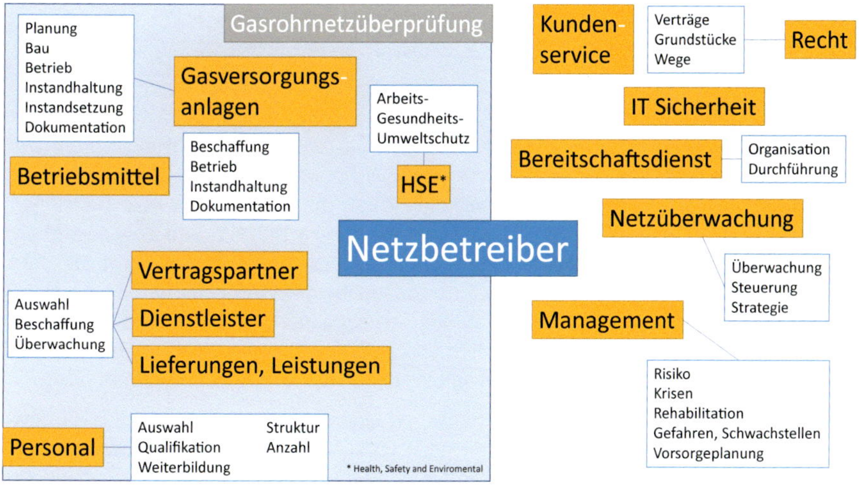

Bild 3.2: Aufgaben und Tätigkeitsfelder eines Netzbetreibers nach DVGW-Arbeitsblatt G 1000

hat der Netzbetreiber aus wirtschaftlichen, geografischen und personaltechnischen Beweggründen zu treffen.

Ein Netzbetreiber hat ausreichendes Fachpersonal für seine Aufgaben und Pflichten einzusetzen. In Bezug auf die GRNÜ ist der Personaleinsatz maßgeblich abhängig von der Strategie des Netzbetreibers. Greift der Netzbetreiber auf Fachfirmen zurück, kann der Personaleinsatz gegebenenfalls geringer sein. Stellt er den Bereitschaftsdienst selbst, kann er hier Synergien schaffen und die Fachkräfte tagsüber zum Gasspüren einsetzen. In jedem Fall muss er aber mindestens eine technische Führungskraft einsetzen, die eigenes Personal und Fachfirmen auswählt, anweist und kontrolliert. Bei der Auswahl der Fachfirmen kann der Netzbetreiber auf die Zertifizierung des DVGW zurückgreifen. Zur Anweisung und Abrechnung eignet sich ein Leistungsverzeichnis und eine Vorbesprechung mit der Fachfirma. Beim Einsatz von eigenem Personal zur Gasrohrnetzüberprüfung ist eine betriebliche Vorbesprechung zur Klärung der örtlichen Besonderheiten sinnvoll. Ebenso wie die Fachfirma benötigt der Netzbetreiber entsprechend ausgebildetes und routiniertes Personal und eine funktionstüchtige Gerätetechnik.

Weiterhin hält der Betreiber die Dokumentation seines Gasrohrnetzes bereit und auf aktuellem Stand. Die Dokumentation besteht aus einem geografischen und einem technischen Teil. Der geografische Teil umfasst die Bestands-, Übersichts- und Höhenpläne. Der technische Teil umfasst das Rohrbuch, die Prüfungen und Abnahmebescheinigungen, die Werkstoffe und Umhüllungen, Instandsetzungs- und Rehabilitationsmaßnahmen sowie die Instandhaltungshistorie. In dieser sind die Ergebnisse aus alten Gasrohrnetzüberprüfungen zu sammeln. So kann der Netzbetreiber die Überprüfungen auswerten und auch der DVGW-Schadensstatistik melden. Für die Netzdokumentation ist gemäß DVGW-Arbeitsblatt GW 120 eine technische Fachkraft zu benennen.

Außerdem muss der Netzbetreiber sicherstellen, dass eine Meldestelle 24/7 zur Verfügung steht. Von dieser muss ein fachkundiger Bereitschaftsdienst zur Erstsicherung geschickt werden können. Der zeitliche Richtwert bis zur Erstsicherung sind 30 min.

3.1.2 Fachfirmen

Die Fachfirmen führen den operativen Teil der Gasrohrnetzüberprüfung durch. Der DVGW zertifiziert diese Firmen nach dem DVGW-Regelwerk G 468-1. Auf der Internetseite der DVGW Cert GmbH können die Firmen mit aktuellem G 468-1-Zertifikat eingesehen werden. Ziel der Zertifizierung ist es, den Fachfirmen ihre Zuverlässigkeit, Fachkompetenz und Qualität nachzuweisen. Außerdem wird den Fachfirmen ein „Kochrezept" zur Unternehmensstruktur und Qualifikation des Personals an die Hand gegeben. Ein Auftraggeber handelt wiederum regelwerkskonform und mit hoher Rechtssicherheit, wenn er zertifizierte Firmen beschäftigt. Im Bereich der Gasrohrnetzüberprüfung sind bis auf die Betreiber selbst nur G 468-1-zertifizierte Firmen tätig.

Die Firmen bestehen aus einem oder mehreren Überprüfungstrupps und aus mindestens zwei fest angestellten Fachkräften nach DVGW-G 468-2. Außerdem gehört zu jedem Überprüfungstrupp die notwendige Gerätetechnik. Dabei ist es egal, von welchem Gerätehersteller das Gerät ist. Wichtig ist, dass es dem DVGW-Merkblatt G 465-4 entspricht, dass es zuverlässig ist und die Fachkraft es sicher bedienen kann.

Angeleitet werden die Gasspürer und gegebenenfalls auch Lotsen durch den verantwortlichen Fachmann. Dieser ist für die regelmäßige, mindestens einmal im Jahr stattfindende, fachliche Schulung der Fachkräfte verantwortlich. Zusätzlich ist eine jährliche Belehrung über die entsprechenden Unfallverhütungsvorschriften gesetzlich vorgeschrieben.

Die Fachfirma hat für eine nachvollziehbare Dokumentation der Gasrohrnetzüberprüfung zu sorgen. Näheres dazu wird im Kapitel „Dokumentation der durchgeführten Überprüfung" beschrieben. Dem Personal der Firma sind die relevanten Regelwerke und Vorschriften in aktueller Fassung zur Verfügung zu stellen.

Den Schwerpunkt der Organisation nach G 468-1 leistet der verantwortliche Fachmann. Dieser ist für die Arbeitsabläufe, Qualität, Weiterbildung und Gerätetechnik zuständig. Es sind also die Befugnisse und Verantwortlichkeiten des verantwortlichen Fachmanns und der Fachkräfte festzulegen und zu dokumentieren; hierzu eignet sich ein detailliertes Organigramm mit den jeweiligen Zuständigkeiten. Außerdem ist eine regelmäßige interne Überwachung festzulegen. Der verantwortliche Fachmann hat alle seine Fachkräfte zu kontrollieren. In der Unternehmensstruktur sind zusätzlich die Fortbildung des Fachmanns und der Fachkräfte, die Instandhaltung der Geräte und die Pflege der Regelwerke zu verankern. Die Verantwortlichen müssen jederzeit informiert sein, welche Mitarbeiter sich an welchem Ort befinden. Diese schmale Organisation erfüllt die notwendigen Anforderungen an Qualität und Sicherheit und entspricht den Betriebsstrukturen der Branche. Dabei lastet ein hohes Maß an Aufgaben und Verantwortlichkeiten auf dem Fachmann. Die Unternehmensleitung übergibt dabei einen Teil ihrer gesetzlichen Pflichten an den verantwortlichen Fachmann.

Die Fachfirmen haben eine Versicherung gegen unternehmerische Schäden abzuschließen. Diese sogenannte Betriebshaftpflichtversicherung ist ausreichend zu bemessen. Gemäß § 14 Gewerbeordnung ist auch eine Gewerbeanzeige und eine Eintragung bei der Handwerks- oder Industrie- und Handelskammer erforderlich.

Tätigkeitsnachweise der Überprüfungstrupps und Referenzen der Auftraggeber sind bei der Zertifizierung vorzulegen und anschließend jährlich fortzuschreiben, so wird die Facherfahrung der Firma geprüft und weiterhin gewährleistet. Ein Richtwert sind ca. 500 km pro Überprüfungstrupp.

3.1.3 Fachkraft, Gasspürer

„Fachkräfte sind Personen, die aufgrund ihrer fachlichen Ausbildung, praktischen Tätigkeit und Erfahrung ausreichende Kenntnisse auf dem Gebiet der ihnen [...] übertragenen Aufgaben besitzen. [...] Eine ordnungsgemäße Durchführung der Überprüfungsarbeiten ist sichergestellt, wenn die erforderlichen Arbeiten durch Fachkräfte durchgeführt werden, die die dazu erforderliche Befähigung, beispielsweise nach DVGW-Merkblatt G 468-2, besitzen." (Auszug aus dem DVGW-Arbeitsblatt G 465-1).

Da es aktuell keinen direkten Ausbildungsberuf gibt, hat sich der Gasspürer die Kenntnisse innerhalb von Schulungen anzueignen; der Lehrplan kann aus dem DVGW-Merkblatt G 468-2 entnommen werden (**Bild 3.3** gibt einen Überblick).

Bild 3.3: Inhalt des Schulungsplans

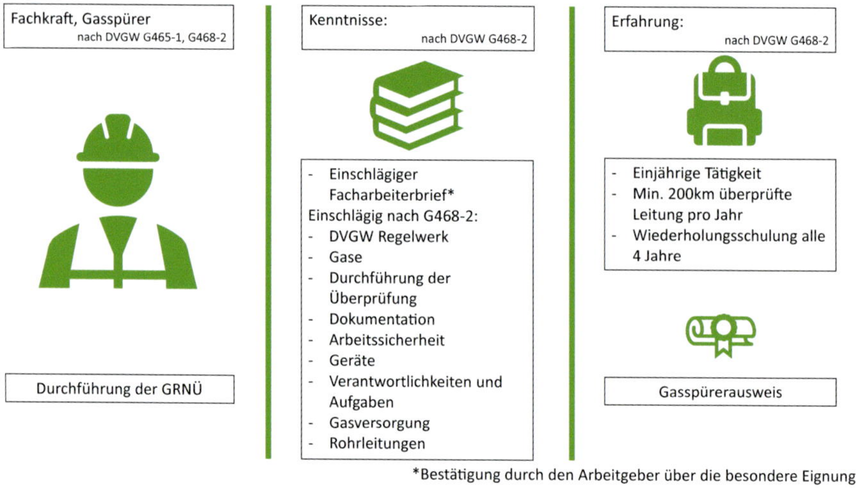

Bild 3.4: Qualifikationsanforderungen an den Gasspürer

Am Ende dieser Schulungen findet eine Prüfung statt, um die erfolgreiche Vermittlung der Kenntnisse nachzuweisen. Zum Erhalt der Fachkenntnisse erfolgt alle vier Jahre eine Wiederholungsprüfung. Die erfolgreiche Teilnahme wird im Gasspürerausweis dokumentiert. Bei keiner fristgerechten Teilnahme oder keiner erfolgreichen Teilnahme ist die ausreichende Qualifikation der Fachkraft nicht mehr gewährleistet.

Für den Erhalt des Gasspürerausweises sind die erfolgreiche Prüfung, ein einschlägiger Facharbeiterbrief und ein Tätigkeitsnachweis über 200 km überprüfte Leitung erforderlich. Alternativ zum Facharbeiterbrief kann auch eine Bescheinigung des Arbeitgebers über die einschlägige Erfahrung und besondere Eignung des angehenden Gasspürers eingereicht werden. Außerdem ist der Gasspürer fest und ausschließlich bei seiner Fachfirma oder bei einem Betreiber angestellt. Für die Prüfung, spätere Arbeit, Sicherungsmaßnahmen, Meldewege und zur Information von Passanten sind ausreichende Kenntnisse der deutschen Sprache erforderlich.

Der sichere Umgang mit der Gerätetechnik – von der Bedienung bis zu den Einsatzmöglichkeiten sowie Stärken und Schwächen der Wirkprinzipien – ist für die Fachkraft essentiell. **Bild 3.4** fasst die Qualifikationen des Gasspürers zusammen.

3.1.4 Sachkundige, befähigte Person

Sachkundige werden im Zuge der GRNÜ für die Beurteilung des Kathodischen Korrosionsschutzes und für die Instandhaltung und Instandsetzung der Geräte benötigt. Beide müssen von der Unternehmensleitung schriftlich benannt werden.

Mit Hilfe der Daten aus dem aktiven Korrosionsschutz, dem kathodischen Korrosionsschutz, können Sachkundige gemäß DVGW-Regelwerk GW 11 die Wirksamkeit des passiven und aktiven Korrosionsschutzes ableiten. **Bild 3.5** fasst die Qualifikationen des Korrosionsschutzsachkundigen zusammen.

Der Gerätewart, welcher Eingriffe in die Geräte unternimmt, muss für seine Aufgaben sachkundig sein. Außerdem benötigt er eine Autorisierung durch den Hersteller. Dies kann durch eine Schulung beim Hersteller erreicht werden. Da es sich um explosionsgeschützte Geräte handelt, greift neben dem DVGW-Regelwerk auch die Betriebssicherheitsverordnung (BetrSichV). So muss auch die Qualifikation „befähigte Person"

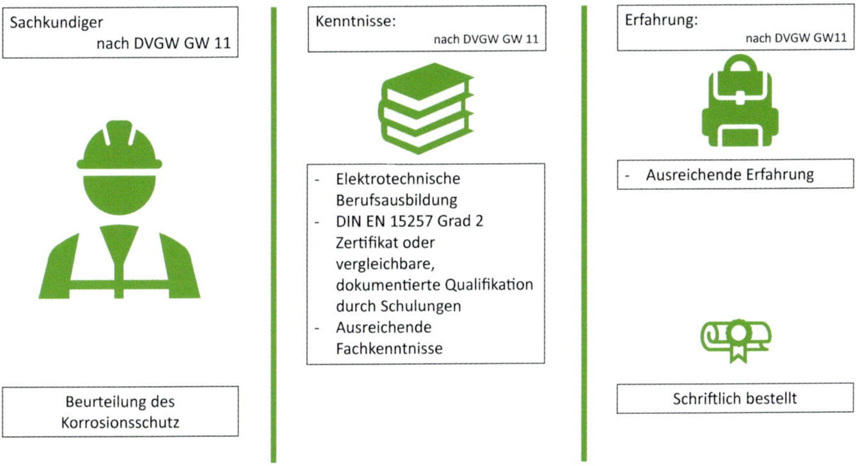

Bild 3.5: Qualifikationsanforderungen an den Korrosionschutzsachkundigen

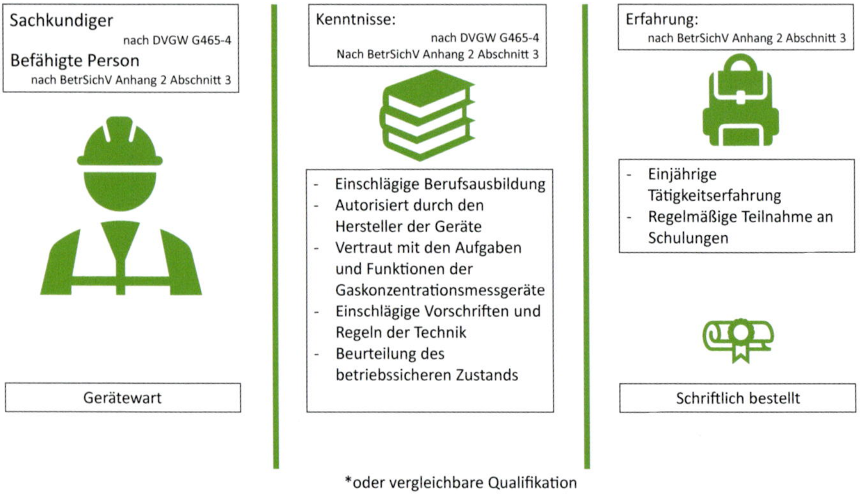

Bild 3.6: Qualifikationsanforderungen an den Gerätewart

nach Anhang 2 Abschnitt 3 erreicht werden. Die Anforderungen sind ähnlich denen des Sachkundigen. **Bild 3.6** fasst die Qualifikationen des Gerätewarts zusammen.

3.1.5 Unterwiesene Person

In der Gasrohrnetzüberprüfung gibt es zwei Akteure, die mindestens die Qualifikation „unterwiesene Person" benötigen: Für die Anzeigetests der Geräte und für die Führung des Gasspürers als Lotse.

Eine unterwiesene Person wird für die übertragenen Aufgaben angelernt. Die Unterweisung kann sich auf DVGW-Regelwerke stützen und erfolgt in der Regel durch den verantwortlichen Fachmann oder durch die technische Fachkraft oder Führungskraft des Netzbetreibers. Diese sind auch für die Arbeiten des Unterwiesenen verantwortlich und haben diesen zu kontrollieren. **Bild 3.7** fasst die Qualifikationen der unterwiesenen Person zusammen.

3.1.6 Verantwortlicher Fachmann

Das Herz jeder Überprüfungsfirma ist der verantwortliche Fachmann; technisch laufen bei ihm alle Zügel zusammen. Die Organisation der Fachfirma ist im Hinblick auf die technische Sicherheit und Qualität komplett auf ihn ausgerichtet. Es versteht sich von selbst, dass für diese Aufgabe ausreichend Zeit und Kompetenz eingeräumt werden muss. Das Regelwerk geht dabei noch einen Schritt weiter und fordert zusätzlich die ausschließliche und feste Anstellung des verantwortlichen Fachmanns. Damit sich die Organisation auf den Fachmann verlassen kann, muss sie ihm eine ausreichende Stellung gewährleisten. Dazu gehören Weisungsbefugnisse für die Gasspürer und Lotsen, Einflussnahme auf die interne Regelwerksetzung und auf die Verfahrensanweisungen.

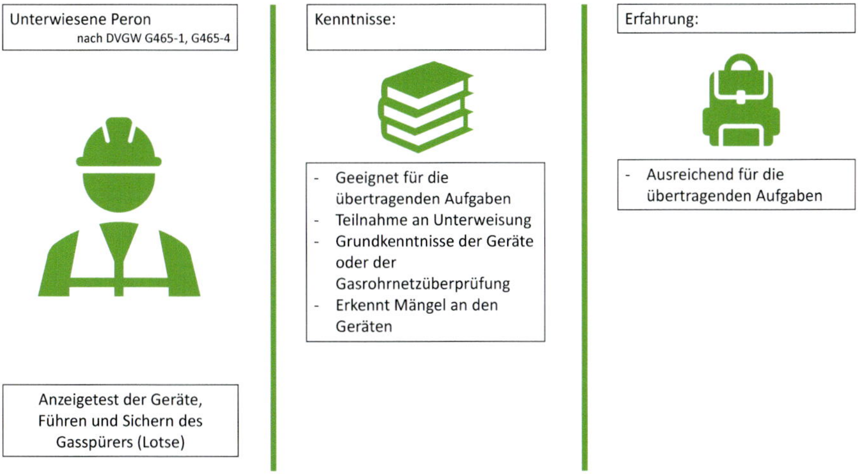

Bild 3.7: Qualifikationsanforderungen an eine unterwiesene Person

Der Fachmann wird in das Firmenzertifikat nach DVGW G 468-1 eingetragen und zeichnet auch eine schriftliche Bestellung durch die Unternehmensleitung gegen. Es wird nur ein verantwortlicher Fachmann in das Zertifikat eingetragen, eine Stellvertretung des Fachmanns ist schriftlich möglich, die Verantwortung für die Auswahl und Kontrolle obliegt weiterhin dem verantwortlichen Fachmann.

Die Aufgaben sind vielfältig. Im Vordergrund steht die ordnungsgemäße Gasrohrnetzüberprüfung. Dazu leitet er die Gasspürer und Lotsen an und steht für Rückfragen mit Rat und Tat zur Seite. In der Regel ist der Fachmann der Ansprechpartner für den Auftraggeber. Er stimmt im technischen Klärungsgespräch den Überprüfungsumfang ab. Hierzu klärt er die technischen Fragen und weist dementsprechend seine Mitarbeiter an.

Der Fachmann hat sicherzustellen, dass alle seine Gasspürer sorgfältig prüfen. Dabei ist es ressourcenschonend, die Überprüfung „zustandsorientiert" durchzuführen. Mit anderen Worten: ein guter Fachmann kennt seine Problemfälle. Wichtig ist, dass es dabei nicht beim „Gefühl" bleibt, sondern die Kontrolle und die daraus abgeleiteten Korrekturmaßnahmen dokumentiert werden. Eine Maßnahme könnte ein Hinweis, eine erneute Einweisung, eine Ermahnung, ein Lob oder auch eine erneute Kontrolle der Fachkraft sein. Bei der Wahrnehmung seiner Kontrollpflicht sollte der Fachmann speziell auf folgende Dinge achten:

- Sorgfalt bei den Arbeiten, Einschätzung der Witterung
- Überprüfungsgeschwindigkeit, Verweilzeit
- Anzeigetest, Handhabung und Zustand der Geräte
- Zustand und Tragen der persönlichen Schutzausrüstung

- Fachkenntnisse und Kenntnisse über die Meldewege
- Tägliche Überprüfungsleistung
- Dokumentation, Schadensskizzen.

Neben den Gasspürern sind auch simultan die Abläufe zu überprüfen. Haben sich hier Systemfehler eingeschlichen? Gibt es Verbesserungspotential?

Bild 3.8 fasst die Qualifikation des verantwortlichen Fachmanns zusammen.

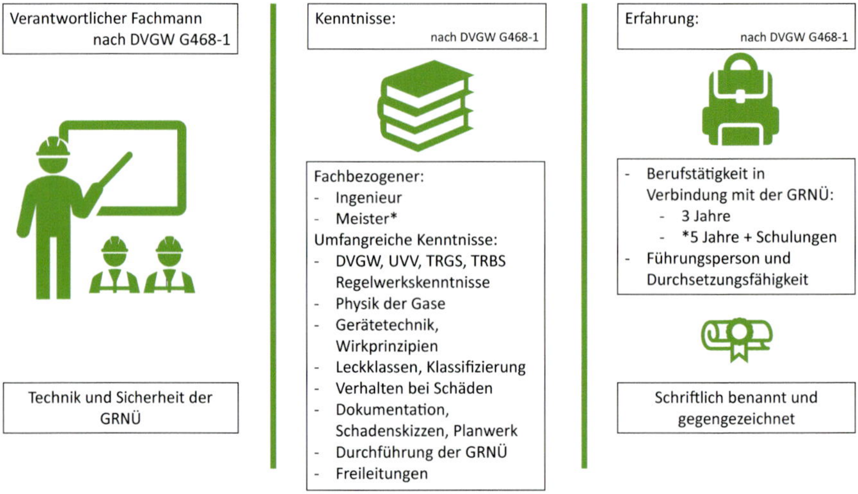

Bild 3.8: Qualifikationsanforderungen an den verantwortlichen Fachmann

3.1.7 Technische Führungskraft, technische Fachkraft

Gemäß DVGW-Arbeitsblatt G 1000 setzt der Netzbetreiber mindestens eine technische Führungskraft für die GRNÜ ein. Diese übernimmt dieselben Aufgaben wie der verantwortliche Fachmann bei der Fachfirma. Sie kann diese Verantwortung entweder selbst übernehmen oder auch an eine oder mehrere technische Fachkräfte weitergeben. Weiterhin ist die technische Führungskraft dann jedoch im Rahmen der Auswahl-, Anweisungs- und Überwachungspflicht mit verantwortlich. Die Anforderungen sind ausführlich in dem Kapitel „verantwortlicher Fachmann" beschrieben. **Bild 3.9** fasst die Qualifikation der technischen Führungskraft der Gasrohrnetzüberprüfung zusammen.

Bei der technischen Fachkraft handelt es sich in der Regel um einen Betriebsingenieur oder Rohrnetzmeister. Bei den Qualifikationsanforderungen ist gemäß Regelwerk die ausreichende Ausbildung, Erfahrung und Kenntnis erforderlich (**Bild 3.10**). Hier kann man sich im Rahmen der Auswahlpflicht an den Qualifikationskriterien des verantwortlichen Fachmanns gemäß G 468-1 orientieren.

Die technische Führungskraft ist für die eigene und die Fort- und Weiterbildung der zugeordneten technischen Fachkräfte verantwortlich. Die Schulungen müssen dokumentiert werden. Während der TSM-Auditierung wird ein Nachweis zu den vollzogenen Schulungen abgefragt.

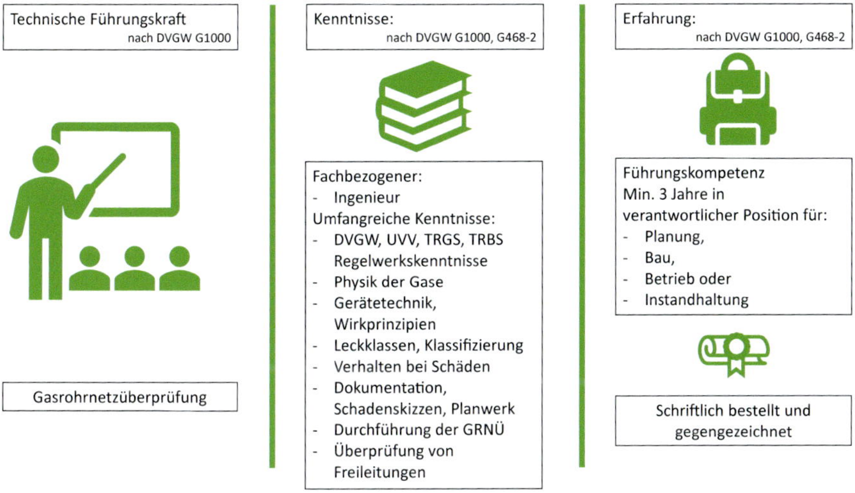

Bild 3.9: Qualifikationsanforderungen an die technische Führungskraft der Gasrohrnetzüberprüfung

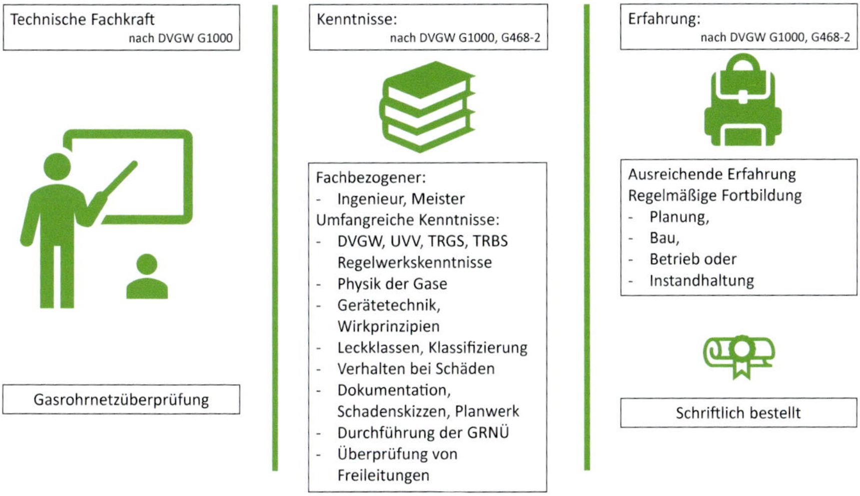

Bild 3.10: Qualifikationsanforderungen an die technische Fachkraft

3.1.8 Verantwortlichkeiten des Personals

In den vorliegenden Kapiteln wurden die Akteure der Gasrohrnetzüberprüfung beschrieben. In diesem Kapitel geht es um die in der jeweiligen Verantwortung liegenden Aufgaben (**Bild 3.11**).

Der Netzbetreiber ist grundsätzlich verantwortlich für die ordnungsgemäße Organisation der Gasrohrnetzüberprüfung. Selbst wenn er die Gasrohrnetzüberprüfung an eine Fachfirma vergibt, bleiben viele Aufgaben in seiner Verantwortung:

- Auswertung der Ergebnisse der Gasrohrnetzüberprüfung
- Bereitstellung des Planwerks
- Vorgaben zur Klassifikation
- Vorgaben zu Meldewegen und Sicherungsmaßnahmen
- Stellung eines Ansprechpartners
- Überprüfung der Fachfirma
- Überprüfung des Gasspürertrupps.

Die technische Führungskraft des Netzbetreibers oder der verantwortliche Fachmann der Fachfirma sind verantwortlich für einen ordnungsgemäß agierenden Gasspürtrupp. Sie müssen diesen anleiten, für Rückfragen zur Verfügung stehen und kontrollieren. Weiterhin kümmern sie sich um die ausreichende Ausstattung.

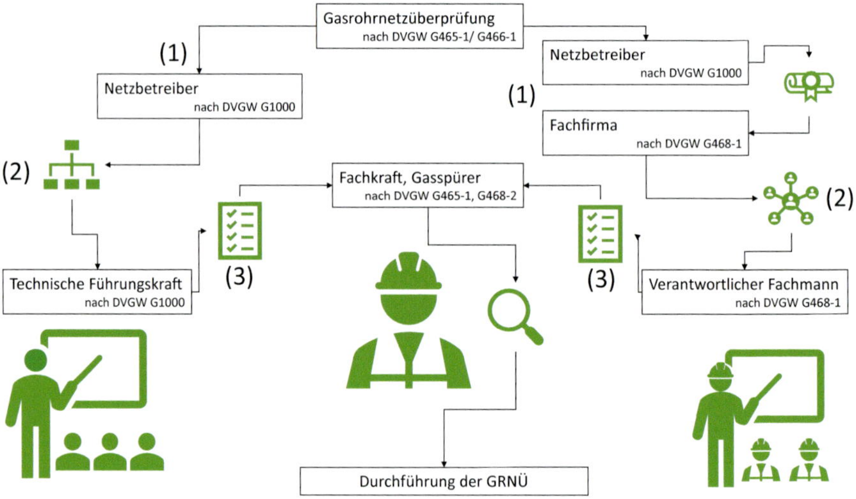

Bild 3.11: Organisationsformen der Gasrohrnetzüberprüfung
Die Gasrohrnetzüberprüfung erfolgt entweder durch den Netzbetreiber oder durch eine beauftragte Fachfirma. (1) Beide stellen eine entsprechende betriebliche Organisation dazu. (2) Die Vorgesetzten, also die technische Führungskraft oder der verantwortliche Fachmann, weisen die Fachkraft an (3)

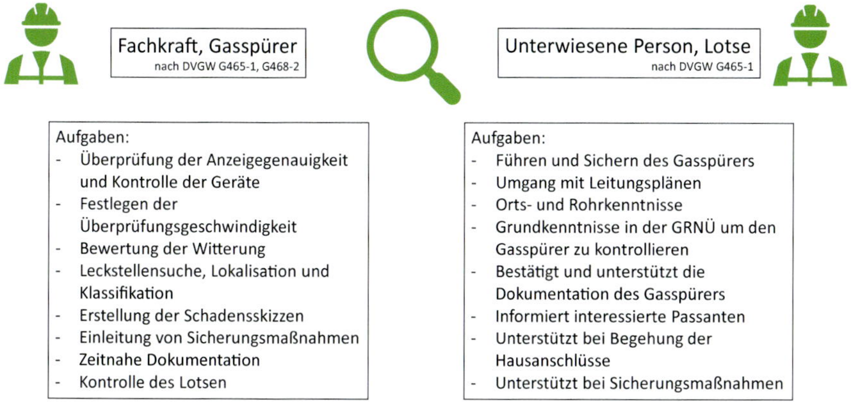

Bild 3.12: Gegenüberstellung der Aufgaben des Gasspürertrupps

Der Gasspürtrupp besteht aus mindestens einem Gasspürer und seiner Gerätetechnik. Beim Einsatz eines Lotsen gehört dieser auch zum Trupp. Dabei werden den einzelnen Akteuren unterschiedliche Aufgaben zugeordnet (**Bild 3.12**).

3.1.9 Organisation der Gasrohrnetzüberprüfung

Die GRNÜ ist ein, sich über den gesamten Lebenszyklus der Leitung erstreckender, Prozess. Gleich nach Errichtung einer Gasrohrleitung findet die erste Überprüfung statt. Abhängig von den umliegenden Leitungen und deren Leckstellenhäufigkeiten ordnet der Netzbetreiber diese dann in einen Überprüfungsabschnitt ein.

Anschließend stellt er die Leitungspläne zusammen und vergibt die Gasrohrnetzüberprüfung intern oder an eine Fachfirma. Die Verantwortlichen organisieren den qualifizierten Überprüfungstrupp mit entsprechender Gerätetechnik.

Wesentlicher Bestandteil der Organisation der Gasrohrnetzüberprüfung ist die Vorbesprechung. Entweder erfolgt die Besprechung als betriebliches Vorabgespräch des Netzbetreibers oder als Vorabgespräch mit der Fachfirma; die Besprechung ist zu dokumentieren. Folgende Themen sind in der Vorbesprechung zu klären:

- Ansprechpartner, Adressen und Kontaktdaten
- die wöchentlichen Arbeitszeiten
- eingesetzte Gerätetechnik und eventuelle zusätzliche Anforderungen an die Geräteüberprüfung wie zusätzliche Anzeigetests oder deren Dokumentation
- das eingesetzte Planwerk
- geplanter Arbeitsumfang von Versorgungs- und Hausanschlussleitungen
- örtliche Besonderheiten, wie Angaben zum Zustand des Rohrnetzes, Material, Schäden aus älteren GRNÜ und deren Beseitigungen sowie der eventuelle Einfluss von Bergsenkungen

- die internen Regelwerke und Verfahrensanweisungen des Netzbetreibers
- Zusammenarbeit und Schnittstellen zwischen Lotsen und Gasspürern; es empfiehlt sich, diese bei Lotsengestellung durch den Betreiber explizit festzuhalten
- Verhalten bei Leckagen und deren Klassifikation
- Anmeldung und Absicherung der Baustelle bei der Lokalisation
- Verhalten bei der Prüfung im Haus
- Sicherungs- und Sofortmaßnahmen
- Vorgaben zur Dokumentation
- Vorgehen bei ungeprüften Leitungsabschnitten
- eventuelle Nebentätigkeiten wie Aufnahme von Bebauung oder Bäumen
- Vorgehen bei Fund von defekter Beschilderung
- Bei Industrieanlagen, Gefährdungen durch die Anlage, Verhaltensregeln, Schutzausrüstung und Einweisungen.

Anschließend findet die eigentliche Durchführung der GRNÜ durch den Gasspürtrupp statt. Dieser reicht das dokumentierte Ergebnis, also die Leckstellen, Schadensskizzen und überprüften Kilometer ein. Daraus bildet der Betreiber einen neuen Zyklus und nach dessen Ablauf geht es von vorne los (**Bild 3.13**).

Bild 3.13: Organisation der Gasrohrnetzüberprüfung in Anlehnung an TSM nach G 1000

3.1.10 Gefährdungsbeurteilung

Gemäß § 5 des Arbeitsschutzgesetzes hat der Arbeitgeber die Arbeitsbedingungen jedes Beschäftigen zu beurteilen. Dabei müssen die Gefährdungen für die Arbeitnehmer und die erforderlichen Schutzmaßnahmen ermittelt werden. Im Rahmen der GR-NÜ ist eine tätigkeitsbezogene Gefährdungsbeurteilung sinnvoll. Dieses Kapitel gibt Hinweise auf die wesentlichen Gefährdungen und deren Schutzmaßnahmen. Örtliche Besonderheiten oder weitere spezifische Gefährdungen sind durch den Betreiber oder die Fachfirma für ihre Mitarbeiter zu erarbeiten. In den **Tabellen 3.1 bis 3.4** sind die grundsätzlichen Gefährdungen und üblichen Schutzmaßnahmen der Gasrohrnetzüberprüfung tätigkeitsbezogen zusammengefasst.

Bei Überprüfungsarbeiten für Industrieunternehmen sind deren Gefährdungsbeurteilungen zu beachten. Außerdem sind die Gasspürer durch die Industriefirma zu unterweisen und auf die Gefahren hinzuweisen. Hier kann auch besondere Schutzausrüstung notwendig werden.

Tabelle 3.1: Allgemeine Gefährdungen der Gasrohrnetzüberprüfung

Allgemeine Gefährdungen		
Gefährdung	**Schutzmaßnahme**	**Persönliche Schutzausrüstung**
Sturz, Ausrutschen, Stolpern, Umknicken, Fehltreten	Umsichtiges, den Witterungsbedingungen sowie den örtlichen Gegebenheiten, angepasstes Verhalten	festes Schuhwerk, rutschfeste Sohle
Störung an Gasleitung, explosive Atmosphäre	Gasmesstechnik mit geeigneten Sensoren verwenden, Anzeigetest und Anzeigegenauigkeit der Gasmessgeräte regelmäßig überprüfen, Unterweisung Arbeitsplatzgrenzwerte	geprüftes Gaswarngerät mit Alarm bei 20% UEG und 50% UEG
Temperatur, Feuchte, Gewitter, Schnee, Eis, UV-Strahlung	Bei Unwetterwarnung Gefahrenbereich verlassen, ausreichend Trinken	Wetterschutzkleidung, Sonnenschutz, Hautschutz
Zecken, Schädlinge, Hunde	Besitzer ansprechen, Gasferndetektion bei Gefährdung durch freilaufende Tiere, bei Bedarf Zeckenschutzmittel auftragen, bei Verletzung sofort Arzt aufsuchen	körperbedeckende Kleidung, Zeckenschutzmittel, Zeckenkarte
Begrenzte Aufmerksamkeit im öffentlichen Verkehrsbereich, verminderte Wahrnehmung durch hohe Konzentration bei den ausgeführten Tätigkeiten	mobiles Telekommunikationsgerät (Handy) für Notfälle einsatzbereit halten, Warnkleidung im sauberen Zustand, bedienungsfreundliche Gerätetechnik, angepasstes Tragesystem, abhängig von den örtlichen Gegebenheiten Warnposten (Lotsen) einsetzen	Warnkleidung nach DIN EN ISO 20471 Klasse 2 oder 3

Tabelle 3.2: Zusätzliche Gefährdungen bei der Prüfung der Bodenluft

Prüfung der Bodenluft		
Gefährdung	**Schutzmaßnahme**	**Persönliche Schutzausrüstung**
Lärm	lärmarme Geräte, abhängig von der Verkehrssituation Gehörschutz verwenden	ggf. Gehörschutz
handgeführte Arbeitsmittel, Bohrmaschine, Schlagsonde	geprüfte Geräte, Einweisung, Betriebsanleitung vor Ort	Schutzschuhe mit Zehenschutzkappe und rutschfester Sohle, Schutzhandschuhe
Beschädigung von Versorgungsleitungen, Körperdurchströmung	Isoliertes Werkzeug, sorgfältige Leitungserkundung, wenn möglich Tiefe auf 0,3 m reduzieren, Feuerlöscher auf dem Auto	isolierte Sicherheitsschuhe, Sicherheitshandschuhe
Verkehrsgefahr, Unfallgefahr für Verkehrsteilnehmer	Absicherung der Baustelle gemäß Richtlinie für die Sicherung von Arbeitsstellen, Anwendung Regelabsperrpläne	Warnkleidung nach DIN EN ISO 20471 Klasse 2 oder 3

Tabelle 3.3: Zusätzliche Gefährdungen bei der Überprüfung von Freileitungen

Überprüfung von Freileitungen		
Gefährdung	**Schutzmaßnahme**	**Persönliche Schutzausrüstung**
Absturz	geeignete und geprüfte Leitern, Tritte, Hubsteiger verwenden, Sichtkontrolle vor dem Benutzen, auf sicheren Stand achten	Absturzsicherung, ggf. Sicherungsgeschirr, festes Schuhwerk, rutschfeste Sohle

Tabelle 3.4: Zusätzliche Gefährdungen bei der Armaturenkontrolle

Armaturenkontrolle		
Gefährdung	**Schutzmaßnahme**	**Persönliche Schutzausrüstung**
Heben und Tragen von Lasten	Hilfsmittel bereitstellen, gleichmäßige Verteilung der Lasten, zweite Person, richtiges Heben, schonende Körperhaltung	Schutzschuhe mit Zehenschutzkappe und rutschfester Sohle, Schutzhandschuhe, ggf. Schutzhelm
Schieberdrehmaschine	geprüfte Geräte, Einweisung, Betriebsanleitung vor Ort	Schutzschuhe mit Zehenschutzkappe und rutschfester Sohle

Dank der Unterstützung des Gasspürers durch digitales, GPS-gestütztes Planwerk ist es möglich, bei geeigneter Netzstruktur auf einen Lotsen zu verzichten. Die Festlegung und Bewertung, in welchen Bereichen auf einen Lotsen verzichtet werden kann, erfolgt durch den Netzbetreiber. Dieser ist sich auch bewusst, dass durch den Entfall des Lotsen das 4-Augen-Prinzip entfällt und verlässt sich dann ausschließlich auf sorgfältige, zertifizierte Fachkräfte. Dabei muss der Gasspürer neben der Bedienung der Gasmessgeräte das Planwerk lesen und sich sicher im Straßenverkehr zurechtfinden. Weiterhin muss er die begangenen und nicht begangenen Abschnitte dokumentieren. Wird ein A1- oder A2-Schaden klassifiziert, muss er die Sicherungsmaßnahmen einleiten, ggf. einen Teil des Netzes absperren, Anwohner benachrichtigen, Rücksprache mit der Netzleitstelle halten und sich sicher im Verkehr bewegen.

Bereiche, die durch eine erhöhte Verkehrsgefährdung nicht begangen werden können, werden vom Gasspürer dokumentiert und dem Netzbetreiber gemeldet. Anschließend wird dieser Abschnitt mit einem Lotsen als Warnposten begangen. Es muss also schon frühzeitig in der Planung festgelegt werden, welche Abschnitte alleine und welche mit Lotsen sinnvoll begangen werden können.

Ist ein Abschnitt nicht begehbar, z. B. verschlossen oder durch einen freilaufenden Hund nicht zugänglich, kann dieser mittels Gasferndetektion überprüft werden. Die Überprüfung mittels Gasferndetektion ersetzt nicht die oberirdische Überprüfung.

Bei der Prüfung der Bodenluft oder der Armaturenkontrolle im Verkehrsraum ist die Baustelle abzusichern (**Bild 3.14**), die Absicherung erfolgt nach der „Richtlinie für die

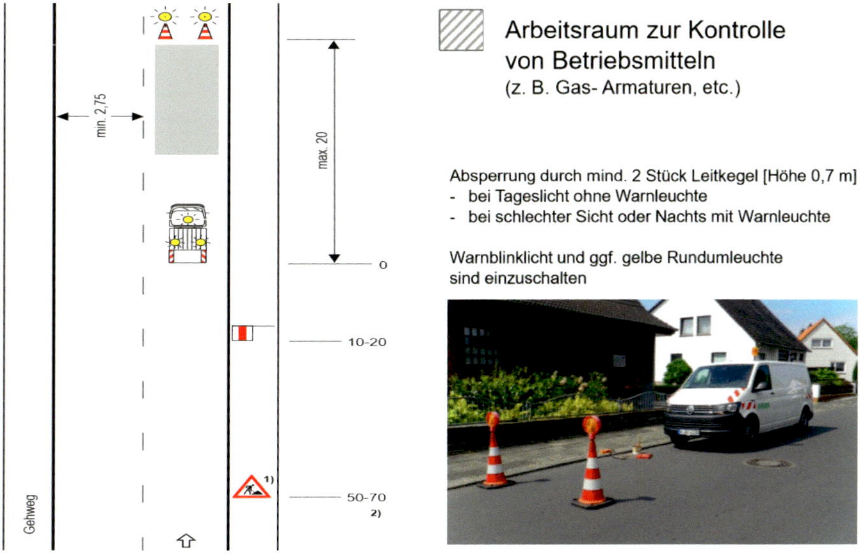

Bild 3.14: Bei der Prüfung der Bodenluft oder der Armaturenkontrolle im Verkehrsraum ist die Baustelle abzusichern (Regelplan B IV / 2 gemäß RSA95)

Sicherung von Arbeitsstellen" (RSA 95). In dieser finden sich Regelabsperrpläne für Arbeiten kürzerer Dauer, innerorts oder außerorts. Für die Umsetzung und Anmeldung sind sowohl der Netzbetreiber als auch die Fachfirma verantwortlich.

Exemplarische Fragen zur Selbstkontrolle

(1) Wer ist für die regelkonforme Durchführung der Gasrohrnetzüberprüfung verantwortlich?

(2) Welche personellen Anforderungen bestehen an den Gasspürer?

(3) Welche Qualifikation ist erforderlich, um die Armaturenkontrolle oder die Überprüfung der innenliegenden Teile des Netzanschlusses durchzuführen?

(4) Was sind wesentliche Gefährdungen für den Gasspürer?

(5) Welche wesentlichen Aufgaben hat der verantwortliche Fachmann der Überprüfungsfirma?

(6) Welche wesentlichen Aufgaben hat die technische Fachkraft/Führungskraft des Netzbetreibers?

(7) Welche Qualifikation ist für die Gerätewartung erforderlich?

(8) Wer ist für die Nachprüfung nicht überprüfter Leitungsabschnitte verantwortlich?

(9) Wer führt die Sofortmaßnahmen bei Gasbefund durch?

(10) Wer ist für Auswahl der richtigen Gerätetechnik verantwortlich?

3.2 Vorbereitende Maßnahmen

➢ Lernziele

- Auf der Grundlage der durchgeführten Gasrohrnetzüberprüfung wird die Leckstellenhäufigkeit ermittelt. Diese ist ausschlaggebend für die planmäßigen Überprüfungsarbeiten.
- Unterscheidung zwischen planmäßigen und außerplanmäßigen Überprüfungsmaßnahmen
- Als Grundlage für die Gasrohrnetzüberprüfung dient entsprechendes analoges oder digitales Planwerk.

3.2.1 Planung der Überprüfungsabschnitte

Nach erfolgter bzw. vor Beginn der nächsten Rohrnetzüberprüfung müssen die Ergebnisse der letzten Maßnahme durch den Netzbetreiber ausgewertet werden. Dazu ist es notwendig, die Leckstellenhäufigkeit zu ermitteln.

Die Leckstellenhäufigkeit ist der Quotient aus der Anzahl der gefundenen Leckstellen und der überprüften Leitungslänge (in km). Dabei darf nur die tatsächlich überprüfte Leitungslänge herangezogen werden. Zusätzlich sind jedoch alle außerhalb der planmäßigen Überprüfung festgestellten Leckstellen für den Zeitraum nach der letzten Überprüfung bei der Auswertung zu berücksichtigen (ohne Leckstellen durch mechanische oder thermische Fremdeinwirkungen).

Um Leitungsabschnitte mit einer erhöhten Leckstellenquote herauszufinden, sollte die Auswertung des Überprüfungsgebietes entsprechend unterteilt werden, z. B. nach Straßen oder Stadtteilen. Dabei ist zu prüfen, welcher Abschnitt in einem längeren oder welcher Abschnitt in einem kürzeren Turnus geprüft werden muss.

Entsprechend der ermittelten Leckstellenhäufigkeit muss der nächste Überprüfungsturnus entsprechend dem DVGW-Arbeitsblatt G 465-1, Tabelle 1 und 2 festgelegt werden. Dieser wird im Wesentlichen bestimmt durch die Leckstellenhäufigkeit vorangegangener Überprüfungen, dem Betriebsdruck, dem Material der Leitungen und ob sich der Leitungsverlauf innerhalb oder außerhalb der Bebauung befindet.

Im Sinne des Regelwerkes gilt als bebautes Gebiet ein Gelände, das bereits bebaut ist oder das im Geltungsbereich eines gültigen Bebauungsplanes zur Bebauung ausgewiesen ist; darunter fällt auch Gelände, in dem Gasleitungen näher als 20 m an Wohngebäude oder Gebäude, die zum ständigen Aufenthalt von Menschen bestimmt sind, vorbeigeführt werden.

Unabhängig von den Festlegungen in **Tabelle 3.5** und **Tabelle 3.6** sind nicht bruchsicher sanierte Graugussleitungen mindestens einmal jährlich zu prüfen.

Notwendig ist eine Gegenüberstellung der möglichen Alternativen der jährlich zu prüfenden Leitungslängen. Aus dieser sollte ersichtlich werden, dass es technisch und wirtschaftlich sinnvoll ist, „schlechte" Rohrnetzabschnitte getrennt von dem übrigen Netz zu überprüfen.

Tabelle 3.5: Überprüfungszeiträume auf Leckstellen in Jahren innerhalb bebauter Gebiete

Leckstellenhäufigkeit (Anzahl lokalisierter Leckstellen pro km überprüfter Leitungslänge)	**≤ 0,1**	**≤ 0,5**	**≤ 1**
Betriebsdruck	Überprüfungszeitraum in Jahren		
≤ 1 bar	6[a]	4	2
> 1 bar bis ≤ 5 bar	4[a]	2	1
> 5 bis ≤ 16 bar	1[b] materialungebunden		

a Diese Überprüfungszeiträume gelten nur für PE-Leitungen und kathodisch geschützte Stahlleitungen.

b Zusätzlich sind Streckenkontrollen durch mindestens zweimonatliches Begehen oder Befahren oder bei gegebenen Voraussetzungen in Abhängigkeit von den örtlichen Gegebenheiten durch zweiwöchentliches bis monatliches Befliegen und halbjährliches Begehen der betriebswichtigen Punkte durchzuführen; in Bergsenkungsgebieten hat das Begehen oder Befahren mindestens alle 14 Tage zu erfolgen.
Der Befliegungsrhythmus kann auf zwei Monate ausgedehnt werden, wenn die betriebliche Erfahrung, die Ergebnisse der Berichterstattung und die örtlichen Verhältnisse dies zulassen.

Tabelle 3.6: Überprüfungszeiträume auf Leckstellen außerhalb bebauter Gebiete

Leckstellenhäufigkeit (Anzahl lokalisierter Leckstellen pro km überprüfter Leitungslänge)	**≤ 0,1**	**≤ 0,5**	**≤ 1**
Betriebsdruck	Überprüfungszeitraum in Jahren		
≤ 5 bar	6	4	2
> 5 bis ≤ 16 bar	2		

Zum einen erhält man eine erhöhte Sicherheit und zum anderen werden finanzielle Ressourcen nicht für unnötige Reparaturen ausgegeben (weil der betroffene Rohrleitungsbereich so geschädigt ist, dass die nächste Leckage nur eine Frage der Zeit ist).

Es besteht die Möglichkeit, das gesamte Rohrnetz zu überprüfen oder das Gasnetz zu unterteilen. Hierzu bietet sich die Unterteilung nach der Druckstufe oder nach Druckstufe und Materialien an.

3.2.2 Personalauswahl

Die Qualität der Gasrohrnetzüberprüfung „steht und fällt" mit der korrekten Tätigkeit des Gasspürers und – sofern mit im Einsatz – des Lotsen.

Einfaches „Begehen" der Trasse führt nicht zum gewünschten Ziel (dem Auffinden von Leckagen), sondern nur die mit „Fachkenntnis und Gasspürpraxis" durchgeführte Gasrohrnetzüberprüfung ergibt den gewünschten Erfolg.

Unabhängig davon, ob die Gasrohrnetzüberprüfung durch den Netzbetreiber selbst bzw. durch ein zertifiziertes Dienstleistungsunternehmen erfolgt, sind die bereits unter Punkt 3.1 beschriebenen Personen bei der Gasrohrnetzüberprüfung eingebunden:

- Verantwortlicher Vorgesetzter beim Netzbetreiber oder der „verantwortliche Fachmann" des Dienstleistungsunternehmens,
- Fachkraft „Gasspürer",
- ggf. ein Lotse.

Erfolgt die Gasrohrnetzüberprüfung durch ein Dienstleistungsunternehmen, so obliegt es natürlich dem verantwortlichen Fachmann, das passende Personal zum „Auftrag" auszuwählen. Auch wenn in diesem Moment alle in Frage kommenden Mitarbeiter die Ausbildung zum „Gasspürer" vorweisen können, so spielen u. a. Themen wie „Nutzung von analogem oder digitalem Planwerk", „erfolgt die Auftragsdurchführung allein oder mit einem Lotsen" oder auch „der Wohnort des Mitarbeiters" bei der Auswahl eine große Rolle. Auch bei wiederkehrenden Aufträgen beim gleichen Netzbetreiber macht es Sinn, eventuell einmal über den Austausch des seit Jahren gleichen Gasspürers nachzudenken. Somit umgeht man ggf. eine gewisse Betriebsblindheit.

Wird die Gasrohrnetzüberprüfung mit einem Lotsen durchgeführt (die Qualifikation wurde bereits ebenfalls im Punkt 3.1 beschrieben), so muss diesem Lotsen bewusst sein, dass auch seine Tätigkeit immens wichtig für das Gesamtergebnis ist. Er muss sich mit seiner Tätigkeit identifizieren und sich dem Arbeitstempo und vor allem den Arbeitszeiten des Gasspürers anpassen. Hier obliegt es in der Regel dem verantwortlichen Vorgesetzten beim Netzbetreiber, die richtige Person als Lotsen auszuwählen und ihm die Bedeutsamkeit seiner Tätigkeit nochmals bewusst zu machen.

3.2.3 Planwerk

3.2.3.1 Grundlagen

Kennt ein Gasspürer, der schon seit Jahren die gleichen Transport- oder Versorgungsleitungen ohne Planwerk überprüft aufgrund seiner Routine eigentlich noch den genauen Leitungsverlauf? Oder wird nach dem Verfahren gearbeitet: „Was ich nicht weiß, macht mich nicht heiß?".

Und wie sieht die Qualität des zum Einsatz kommenden Planwerkes wirklich aus?

Das Planwerk im Bereich der Versorgungswirtschaft soll Lage-, Höhe- und Bestandsnachweis sein sowie die Netzzusammenhänge darstellen.

Es stellt eines der wichtigen Hilfsmittel dar, um eine ordnungsgemäße und von Erfolg geprägte Gasrohrnetzüberprüfung zu garantieren. In den DIN-Normen sowie im DVGW-Regelwerk sind nähere Anforderungen enthalten, die den Stand der Technik darstellen. Die Grundlage für die Vermessung von Rohrleitungen stellt die DIN 2425 „Planwerke für die Versorgungswirtschaft, Wasserwirtschaft und Fernleitungen" (1975-08) sowie das DVGW-Regelwerk GW 120 „Planwerke für Rohrnetze der öffentlichen Gas- und Wasserversorgung" (2010-11) dar.

Um ein Planwerk zu erstellen, ist es notwendig, sämtliche Neuverlegungen und Veränderungen nach Lage und eventuell Höhe einzumessen. Die Lage der Leitung ist dabei eindeutig zu bestimmen, indem auf möglichst dauerhafte Bezugspunkte, wie z. B. Gebäude eingemessen wird. Die dabei in der Örtlichkeit benutzten Punkte müssen im Planwerk dargestellt sein, um die Leitung konstruieren zu können.

3.2.3.2 Verfahren zur Einmessung von Rohrleitungen

Zum Einmessen der Rohrleitung können verschiedene Verfahren eingesetzt werden. Bei der herkömmlichen und einfachsten Methode, dem Einbindeverfahren, werden Schnittbildungen von Gebäudeverlängerungen mit der Versorgungsleitung gebildet. Hilfsmittel hierfür sind ein Bandmaß, ein Gliedermaßstab oder ein Laserentfernungsmesser und ggf. ein Schnurlot. Mit dieser Art der Darstellung, Netzanschlussleitungen anstelle Hausanschlussleitungen (**Bild 3.15**) lässt sich in der Örtlichkeit sehr einfach die Lage von Versorgungs- oder Netzanschlussleitungen im Nachhinein ermitteln.

Beim Orthogonal- oder Rechtwinkelverfahren erfolgt die Einmessung mittels eines Winkelprismas und eines Bandmaßes/Laserentfernungsmessers. Es werden die rechtwinkligen Abstände auf einer Messlinie dargestellt (**Bild 3.16**).

Beim Polarverfahren (**Bild 3.17**) werden die Maße indirekt mittels eines Tachymeters bestimmt, in einem elektronischen Feldbuch oder im Messgerät selbst erfasst und später in den PC im Büro zur Weiterverarbeitung übertragen. Da die gemessenen Punkte von einem klar definierten Standpunkt aus als Polarkoordinaten mit Horizontalwinkel, Höhenunterschied und Entfernung erfasst werden, sind sie eindeutig definiert. Das Polarverfahren ist bezüglich des Ausbildungsstands des Personals und der Ausstattung mit Instrumenten eine anspruchsvolle Methode.

3.2.3.3 Bestandspläne

Die im Rahmen der beschriebenen Einmessverfahren erstellten Aufnahmeskizzen bzw. digitalen Daten werden benutzt, um das Bestandsplanwerk fortzuführen. Was im Einzelnen im Bestandsplan darzustellen ist und welche technischen Angaben zur Leitung einzutragen sind, ist der DIN 2445 Teil 1 bzw. der GW 120 zu entnehmen.

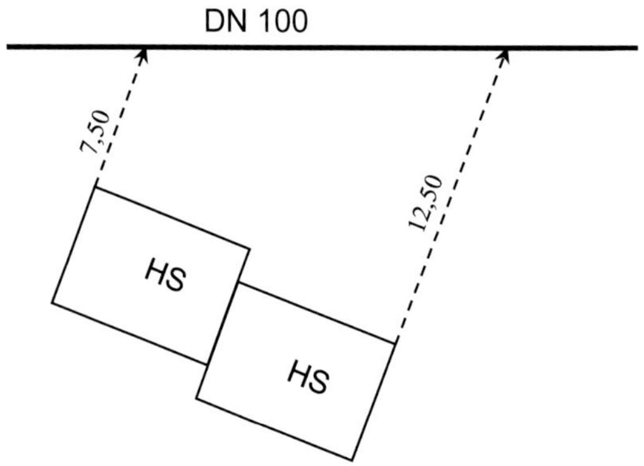

Bild 3.15: Einbindeverfahren

Bild 3.16: Rechtwinkelverfahren

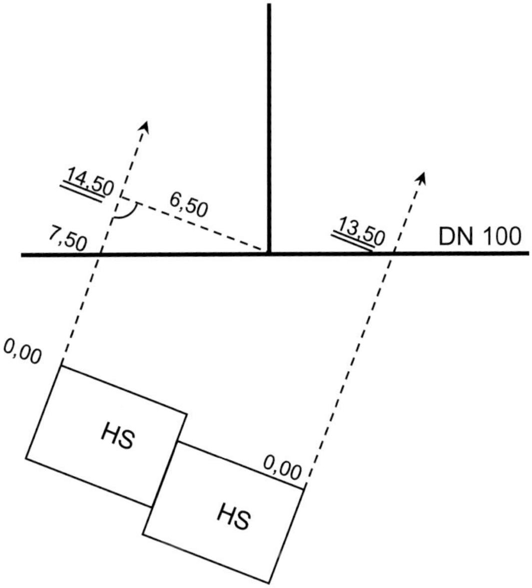

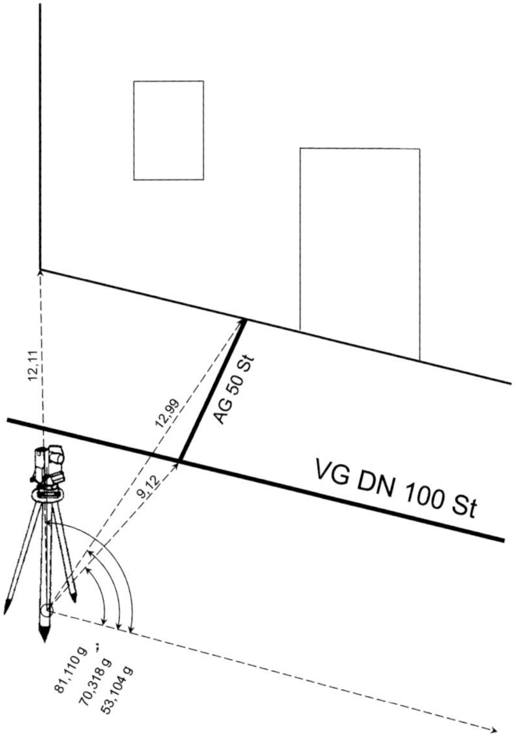

Bild 3.17: Polarverfahren

Da es nicht sinnvoll ist, das Planwerk mit Informationen zu überladen, werden nur die wichtigsten rohrtechnischen Daten wie Dimension, Material und Baujahr neben der Leitungsdarstellung und Bemaßung angegeben. Weitere Informationen kann man als zusätzliche Unterlagen, wie z. B. die von den Rohrleitungsbauern erstellten Rohrbücher oder Anschluss- und Bauwerkskarteien, führen und archivieren oder die Informationen als Anhang im Grafischen Informationssystem (GIS-System) darstellen.

Der Maßstab des Bestandsplanwerkes sollte über das gesamte Versorgungsgebiet einheitlich gehalten werden. Für den Bereich der Rohrnetzüberprüfung hat sich der Maßstab 1:500 bewährt, für lockere Bebauung kann jedoch auch der Maßstab 1:1.000, bei dichter Bebauung der Maßstab 1:250 eingesetzt werden.

Schwierigkeiten für den Gasspürer entstehen dann, wenn er für die Überprüfungsmaßnahme analoge Pläne erhält, die durch mehrmaliges Kopieren keinen eindeutigen Maßstab mehr besitzen oder bereits für Überprüfungsmaßnahmen benutzt worden sind.

3.2.3.4 Übersichtspläne

Übersichtspläne werden aus dem Bestandsplanwerk generalisiert und in der Regel im Maßstab 1:2.500 bzw. Maßstab 1:5.000 eingefügt. Sie sind ein weiteres notwendiges Hilfsmittel, um eine fachlich qualitativ hochwertige Rohrnetzüberprüfung durchzuführen. Gerade für Mitarbeiter, die „fremd" im zu überprüfenden Netzabschnitt sind, stellen sie das erste Hilfsmittel dar, um sich „zurechtzufinden". Darüber hinaus eignen sie sich besonders für die tägliche Einteilung der Überprüfungsstrecken bzw. die analoge Dokumentation der bereits überprüften Teilabschnitte. In den Übersichtsplänen lassen sich die Überprüfungsgrenzen darstellen, aber auch ggf. die nur zu überprüfenden Leitungsabschnitte bei einer Teilung des Netzes.

3.2.3.5 Nutzung von digitalem Planwerk

Es gibt verschiedene Möglichkeiten, wie der zeichnerische Teil der Leitungsdokumentation mit den darin enthaltenen technischen Daten vorgehalten, fortgeführt, ausgewertet und einem berechtigten Nutzerkreis zur Verfügung gestellt werden kann. Die technischen Hilfsmittel zur Führung der Leitungsdokumentation können in die zwei Bereiche „Rechnerunterstützte Konstruktion" (oder englisch CAD, Computer Aided Design) und Grafisches Informationssystem „GIS" eingeteilt werden. Beide Arten der Dokumentationsführung sind bei den Netzbetreibern anzutreffen. Die manuelle (analoge) Führung der Bestandspläne mit Tusche auf Folienplänen spielt keine Rolle mehr.

Standard sind heute CAD-Pläne, die den gleichen Inhalt wie die früheren manuellen Bestandspläne haben, jedoch werden diese digital erstellt. Sachdaten der Rohrleitungen wie Nennweite, Druckstufe, Baujahr usw. werden als Text direkt in den Plan eingetragen. Durch die Aufteilung auf verschiedene Ebenen (Folien) lassen sich bestimmte Auswertungen durchführen. Bekannte Systeme sind z. B. AutoCad, CADdy, Geograph, oder MicroStation.

Da die CAD-Pläne nur das Führen von Sachdaten als Text erlauben, stellen Grafische Informationssysteme (GIS-Systeme) den heutigen Stand der Technik dar. Der wesentliche Unterschied zwischen einem CAD-System und einem GIS ist die Sachdatenhaltung, die im Ersteren fast überhaupt nicht vorhanden ist und im Letzteren im Vordergrund steht. Ein GIS-Plan hat die gleiche Entstehung und das Aussehen wie ein CAD-Plan, allerdings werden hier die Sachdaten nicht im Plan geführt, sondern in einer Datenbank mit Objektstruktur und bei Bedarf der Grafik hinzugeführt. Eine Verknüpfung von Sachdaten mit anderen Datenbanken wie einer Schadensdatei ist jederzeit möglich. Bekannte Systeme sind hier z. B. ArcGis, Genius oder Smallworld GIS.

Wie bereits beschrieben, ist die Qualität der Gasrohrnetzüberprüfung entscheidend von der Aktualität der zur Verfügung stehenden Rohrnetzpläne abhängig. Es ist daher notwendig, dass vor Beginn der Arbeiten zeitnah die vorhandenen digitalen Pläne ausgeplottet werden. Diese Vorarbeiten stellen einen erheblichen Kostenaufwand dar, der zu den eigentlichen Kosten der Rohrnetzüberprüfung und ggf. notwendigen Schadenbeseitigung hinzugerechnet werden muss. Die Nutzung von digitalen Plänen verbessert auch die internen Arbeitsabläufe der Netzbetreiber und somit die Effizienz. Die Aufarbeitung von Papierplänen für die Überprüfungsbezirke entfällt zugunsten einer IT-gestützten Lösung.

3.2.3.6 Arbeitsabläufe durch den Einsatz von digitalen Planwerks- und Sachdaten

Die Gasrohrnetzüberprüfung mit digitalem Planwerk beinhaltet die nachfolgenden Arbeitsschritte, zumindest dann, wenn der Netzbetreiber die Arbeiten an ein Dienstleistungsunternehmen vergibt:

1. Beschreibung der möglichen Datenformate im Zuge einer Ausschreibung und Vorprüfung der Datenkompatibilität im Zuge der Angebotserstellung durch den Dienstleister,
2. Nach Erteilung des Dienstleistungsauftrags übergibt der Netzbetreiber die Planwerksdaten und Zusatzinformationen wie z.B. Netzanschluss-Lokatoren auf einem elektronischen Datenträger oder per Cloudlösung an das Dienstleistungsunternehmen,
3. Aus den Planwerksdaten und den Zusatzinformationen wird ein Überprüfungsprojekt erstellt,
4. Das Projekt wird vom ausführenden Dienstleister auf einen „feldtauglichen Rechner" überspielt,
5. Durchführung der Gasrohrnetzüberprüfung mit digitaler Technik und digitalen Planwerksdaten,
6. Qualitätskontrolle durch den Dienstleister,
7. Rückgabe der Begehungsdaten vom Dienstleister an den Netzbetreiber,
8. Archivierung und Pflege der digitalen Plandaten durch den Netzbetreiber und den Dienstleister.

Durch die vorherige Aufstellung wird deutlich, dass sich durch den Einsatz der digitalen Technik gegenüber der Nutzung von analogem Planwerk die Arbeitsabläufe in wesentlichen Bereichen unterscheiden. In der Praxis werden dabei vor allem Fragen der Datenqualität, der Datenkompatibilität sowie der Datensicherung und damit generell der Dienstleistungsqualität aufgeworfen.

Bei der Gasrohrnetzüberprüfung mit digitalem Planwerk durch einen Dienstleister ist bereits in der Angebotsphase und der sich anschließenden Auftragserteilung zu überprüfen, ob die jeweilig verwendeten Systeme kompatible Schnittstellen aufweisen. Auch muss sichergestellt werden, dass die eingesetzten Hard- und Softwaresysteme zueinander passen. Da die unterschiedlichsten „stationären" GIS-Systeme im Bereich der Versorgungswirtschaft im Einsatz sind, muss die eingesetzte mobile Planauskunftssoftware in der Lage sein, die vorhandenen Daten ohne „Verluste und Fehler" zu übernehmen. Bei Nutzung des digitalen Planwerkes nur innerhalb eines Versorgungsunternehmens ist dies mit einer angepassten Software ohne weiteres möglich. Dienstleistungsunternehmen werden jedoch häufig mit unterschiedlichen „stationären" GIS-Systemen konfrontiert und haben daher Möglichkeiten geschaffen, dass die eingesetzte mobile Software die Datenbestände der Netzbetreiber mit Hilfe eines Standard-Übergabeformates verarbeiten kann. Hierzu zählen sowohl die Übernahme der vorhandenen Planbestände, aber auch die Rückspielung der Daten nach beendeter Rohrnetzüberprüfung.

In der Praxis hat sich die Vorgehensweise bewährt, zuerst Musterdaten auszutauschen, um Lesbarkeit, Qualität und Verwendbarkeit des Datenmaterials zu überprüfen.

Im Vorfeld der Überprüfungsarbeiten werden die digitalen Planwerks- und Sachdaten (Pkt. 3 der vorherigen Aufstellung) auf einen feldtauglichen PC (Outdoor-, Tablet-PC oder Pen-Computer) überspielt. Dieser Computer, ausgestattet mit herkömmlicher Windows-Software und erweitert um eine mobile Planauskunftssoftware, ermöglicht dem Bediener die unmittelbare Nutzung der digitalen Bestandspläne im Rahmen der durchzuführenden Arbeiten.

Darüber hinaus kann ein Großteil der erforderlichen Dokumentationen und Auswertungen der Gasrohrnetzüberprüfung zeitnah erfolgen und im Anschluss an die Überprüfung lückenlos übergeben werden. Zur Dokumentation und Auswertung können zählen:

- Markierung der überprüften Leitungsabschnitte,
- Markierung der nicht überprüften Leitungsabschnitte, wie z. B. Frei- und Brückenleitungen und nicht zugängliche Netzanschlüsse,
- Dokumentation von Überbauungen/Überpflanzungen; Mängel an Absperrarmaturen, fehlenden Hausanschlussplaketten usw.,
- Markierung von aufgefundenen Leckstellen inkl. Erstellung von Schadenskizzen.

In Verbindung mit einem GNSS (GlobalNavigationsSystems)-Empfänger ist darüber hinaus eine aktuelle Standortbestimmung möglich, bis hin zur Darstellung des zurückgelegten Überprüfungsweges. Genutzt werden zurzeit hierbei entweder die codierten Radiosignale des amerikanischen GPS-, des russischen GLONASS- bzw. des chinesischen BEIDOU-Systems.

Die zentimetergenaue Darstellung über die Grundgenauigkeit der normal zu nutzenden Signale von ca. 10 m hinaus bedarf jedoch der Nutzung von weiteren Echtzeitkorrekturdaten, da die vorhandenen Satelliten keine ausreichende Genauigkeit des GNSS-Signals bieten können. Bereits mit der Nutzung von kostenfreien Referenzsignalen lässt sich die Genauigkeit jedoch auf bis zu 2 m verbessern. Das allgemeine Problem bei GNSS-Messungen trifft bei Systemen mit Standortbestimmungen natürlich auch zu. Unter Bäumen, in schmalen Gassen mit hohen Häusern usw. funktionieren die Systeme eingeschränkt, da in der Regel nur noch weniger als drei Satellitensignale zu empfangen sind. Die Genauigkeit nimmt in diesen Fällen weiter ab. Ein weiteres Problem tritt auf, wenn der Anwender dicht am Gebäude arbeitet, wo das GNSS nicht mehr funktioniert. Die Positionierung geht verloren.

Eine Verbesserung der Verfügbarkeit und der Genauigkeit ist mit dem europäischen System Galileo möglich. Bereits der kostenfreie „Open Service" (OS) bietet eine hohe Grundgenauigkeit. Galileo bietet nicht einfach nur Signale für die Navigation, sondern eine Reihe von Diensten, die speziell auf die jeweiligen Zielgruppen zugeschnitten sind. Neben dem kostenfreien Open Service werden vier weitere gebührenpflichtige Dienste angeboten, die dem Nutzer aber auch zusätzliche Leistungen bringen, wie die Garantie einer bestimmten Qualität der Satellitensignale.

Rein praktische Probleme ergeben sich beim Einsatz der handelsüblichen Laptops für den Bürobereich.

Häufig hat man mit der fehlenden Akkukapazität oder der nicht für Außeneinsätze konzipierten Tastatur bzw. Bildschirmen zu kämpfen. Anfängliche Versuche mit Fahrwagen, auf denen der Laptop befestigt war, zeigten schnell ihre Grenzen auf. Stand der Technik sind heute robuste, feldtaugliche Outdoor- oder Tablet-PCs, die im Vermessungsbereich oder Bereitschaftsdienst weit verbreitet sind (**Bild 3.18**). Diese werden mit komfortablen Tragesystemen, leistungsfähigen Akkus, Bluetooth-Schnittstelle und blendfreien Farbdisplays angeboten und erleichtern dem Benutzer die Arbeit. An dieser Stelle gilt ganz klar: „Billig geht nicht."

Die Kosten für einen Gasspürerarbeitsplatz (ohne die notwendige Gasspürtechnik) vor Ort belaufen sich, je nach Anbieter und Umfang, auf € 4.000 bis € 6.000 und beinhalten:

- Hardware inkl. zusätzlicher Akkus und Ladetechnik,
- Tragegeschirr,
- Planauskunfts-Dokumentationssoftware inkl. Wartungsvertrag,
- Zusatzsoftware wie Word/Excel/Fernwartung,
- Schulungskosten des Anwenders.

Hinzu kommen noch die Kosten für den Arbeitsplatz im Büro sowie die Personalkosten des „Arbeitsvorbereiters".

Ein nicht zu unterschätzender Aspekt bei der Nutzung des digitalen Planwerkes ist der Bediener des feldtauglichen PCs. Die Erfahrungen aus den letzten Jahren mit dem Einsatz des digitalen Planwerkes haben gezeigt, dass dieses nicht ohne umfangreiche Vorbereitungen und intensive Schulungsmaßnahmen des Benutzers möglich ist.

Bild 3.18: Außendienstrechner mit Dokumentationssoftware [8]

Trotz der weit verbreiteten EDV-Anwendungen im Alltag ist die menschliche Komponente nicht zu unterschätzen. Der Bediener muss sich mit der Nutzung der EDV-Technik identifizieren, muss über die Hardware, über die eingesetzte mobile Software sowie die Anbindung an die „stationären" Systeme informiert sein und damit umgehen können. Informationen zur Datensicherung und der Umgang mit Systemausfällen vor Ort spielen ebenfalls eine wesentliche Rolle. Eine Kurzeinweisung von wenigen Stunden auf das System reicht in der Regel nicht aus. Die Erfahrungen der letzten Jahre haben gezeigt, dass auch in diesem Bereich Zusatzkosten von bis zu € 1.500 pro Jahr für Schulungen entstehen.

Über den Sinn, die Notwendigkeit und die Aufgaben eines „menschlichen" Lotsen kann sicherlich ausführlich diskutiert werden. Aus der Sicht des Autors sind vor allem die auftretenden Störfallsituationen bei Leckaustritten kritisch zu betrachten. Letztlich muss hier der verantwortliche Fachmann des Dienstleistungsunternehmens oder der verantwortliche Mitarbeiter des Netzbetreibers bei eigenen Überprüfungsarbeiten über die Zusammensetzung der „Gasspürkolonne" entscheiden.

Zu guter Letzt: Ganz ohne analoges Planwerk geht es dann aber doch nicht. Ein Übersichtsplan, vorzugsweise im Maßstab 1:5.000, in analoger Form muss weiterhin zur Verfügung stehen. Er dient dem Gesamtüberblick, der Routenplanung und ggf. der Abgrenzung der jeweils zu überprüfenden Rohrnetzbereiche.

3.2.4 Leitungshistorie

Die Leitungshistorie stellt eine wichtige Grundlage dar, um Entscheidungen über die planmäßigen bzw. außerplanmäßigen Überprüfungsmaßnahmen zu treffen.

Oftmals wird nur der statische Wert der Leckstellenhäufigkeit für ein gesamtes Versorgungsgebiet ermittelt. Mit diesem Wert erfolgt eine Aussage über den Zustand des gesamten Gasrohrnetzes aufgrund der durchgeführten Gasrohrnetzüberprüfung. Eine weitere wichtige Quelle für die Entscheidung von z. B. Rehabilitationsmaßnahmen stellen jedoch die Daten dar, die die Netzbetreiber im Rahmen der DVGW-Arbeitsblätter G 402 „Netz- und Schadenstatistik" und G 410 „Bestands- und Ereignisdatenerfassung Gas" erfassen.

Beide Arbeitsblätter erfassen die Leitungshistorie bzw. den Netzzustand u. a. auf der Grundlage von

- Schadensdaten (Ereignisdaten) aus der Rohrnetzüberprüfung,
- Gasgeruchsmeldungen aus Entstördiensteinsätzen,
- Informationen aus KKS-Inspektions- bzw. Intensivmessungen,
- Informationen aus Inspektionsmolchungen oder
- Umgebungsdaten, wie z. B. der Bodenart, der Verkehrsbelastung oder Bodenbewegungen.

3.2.5 Leistungsverzeichnis / ZTV

Immer dann, wenn der Netzbetreiber sich dazu entscheidet, die Gasrohrnetzüberprüfung nicht mit eigenem Personal, sondern durch ein Dienstleistungsunternehmen durchführen zu lassen, wird eine Ausführungs- und Abrechnungsgrundlage benötigt.

Ein Leistungsverzeichnis sowie die Leistungsbeschreibung ist die Basis für ein Angebot durch den Dienstleister und führt im weiteren Verlauf einer Ausschreibung zur Vergabe und Abrechnung der Dienstleistung „Gasrohrnetzüberprüfung".

3.2.5.1 Leistungsverzeichnis

Ein Leistungsverzeichnis zur Gasrohrnetzüberprüfung wird bei detaillierter Form bis zu zehn Positionen beinhalten; eine Alternative stellt eine pauschale Abrechnung mit im Extremfall nur einer Leistungsposition dar.

Wichtig dabei ist, dass die Positionstexte eindeutig ohne großes Vorwissen – möglichst kurz gefasst – verständlich und vor allem leicht anwendbar sind. Eine Diskussion über Positionstexte vor oder während der Gasrohrnetzüberprüfung darf es nicht geben!

Für den Gasspürer muss klar erkennbar sein, ob er z. B. die Leckstellenlokalisation als Stück oder im Stundensatz abrechnen muss, und ob es Zusatzpositionen für das Absaugen der Bodenluft, für Sicherungsmaßnahmen, Erschwernisse oder Sondereinsätze gibt.

3.2.5.2 Leistungsbeschreibung, ZTV

Im Rahmen von Preisanfragen werden neben allgemeinen Geschäftsbedingungen oftmals „zusätzliche technische Spezifikationen-Vertragsbedingungen" zur Gasrohrnetzüberprüfung festgelegt. Dies sind z. B.

- die allgemeinen Anforderungen an die Überprüfungsfirma und den Gasspürer,
- die Anforderungen an die zum Einsatz kommende Gerätetechnik,
- der Leistungsumfang,

- die Klassifikation von Leckstellen,
- die durchzuführende Dokumentation,
- eine Beschreibung von Mängeln,
- die Art der Datenübernahme bzw. Rückgabe bei der Nutzung von digitalem Planwerk,
- als Anlage die im Rahmen der Arbeiten zu benutzenden Formblätter,
- die geltenden Regelwerke.

Gerade die großen Netzbetreiber haben diese Vorgaben seit Jahren (auch zusammen mit den Dienstleistungsfirmen) entwickelt und die Nutzung hat sich etabliert. Sie geben sowohl den Dienstleistungsunternehmen als auch den zum Einsatz kommenden Gasspürern die Sicherheit, welche Rahmenbedingungen einzuhalten sind.

Gibt es keine konkreten Vorgaben durch eine technische Spezifikation, sondern „nur" einen allgemein gültigen Ausschreibungstext, so müssen die o. g. Punkte sehr detailliert nochmals in der Vorbesprechung festgelegt werden (siehe Pkt. 3.3.1).

3.2.5.3 Zusammenfassung des vermittelten Stoffes

Die wesentlichen vorbereitenden Maßnahmen zur Durchführung einer Gasrohrnetzüberprüfung wurden in kompakter Form vorgestellt. Damit erhält der Anwender (Gasspürer) Grundkenntnisse zur Festlegung der nächsten Überprüfungszyklen und zur Auswahl des Personals, zur Planwerkserstellung und zum Unterschied von planmäßigen und außerplanmäßigen Überprüfungsmaßnahmen.

✎ Exemplarische Fragen zur Selbstkontrolle

(1) Wie wird die Leckstellenhäufigkeit ermittelt?

(2) In welchen Regelwerken sind die Grundlagen der Planwerkserstellung beschrieben?

(3) In welchem Maßstab werden üblicherweise analoge Übersichtspläne erstellt?

(4) In welchen Maßstäben werden üblicherweise analoge Bestandspläne erstellt?

3.3 Durchführung und Umfang

3.3.1 Abstimmung des Arbeitsauftrages / Vorbesprechung

Gerade für die Dienstleistungsunternehmen stellt die Vorbesprechung einen sehr wichtigen Punkt dar. Auch wenn im Vorfeld alle entscheidenden Fakten durch die Preisanfrage bzw. die Erteilung des Auftrages geklärt sein müssten, ist es für den Gasspürtrupp enorm wichtig, am ersten Arbeitstag gemeinsam mit dem Verantwortlichen des Auftraggebers das Gespräch zu führen. Auf das persönliche Gespräch muss sehr viel Wert gelegt werden und auch auf dessen Zeitpunkt. Ein Ausfüllen des Protokolls ggf. erst ein oder zwei Wochen nach Beginn der Arbeiten hilft niemandem weiter und bedenkt eine nichtgerichtsfeste Organisation.

In der Vorbesprechung werden die wesentlichen und für die Überprüfung relevanten Punkte besprochen und einvernehmlich festgelegt.

Die Teilnehmer erhalten wichtige Informationen über den Umfang der Überprüfung, die Art des Planwerkes, dessen Aktualität sowie Kenntnis über die Genauigkeit der Maßangaben (am offenen Graben eingemessen oder durch Leitungsortung rekonstruiert). Was die Aktualisierung des Planwerkes angeht, sind durchaus bei einzelnen Netzbetreibern Abweichungen zum tatsächlichen Stand festzustellen.

Bei der Vorbesprechung wird auch der genaue Umfang der vom Auftraggeber zu erwartenden Dokumentation inkl. der notwendigen Unterschriften festgelegt, so dass nach Abschluss der Überprüfungsarbeiten Unstimmigkeiten über die abzuliefernden Unterlagen ausgeschlossen werden können. Ist eine vorherige Abstimmung allerdings nicht erfolgt, so kann im Nachhinein zusätzlicher, nicht unerheblicher Aufwand für den Gasspürer entstehen, wenn z. B. die Daten nach Meisterbezirken, unterschiedlichem Rohrleitungswerkstoff oder ähnlichen Kriterien zu erfassen gewesen wären.

In der Vorbesprechung ist auch der Hinweis auf die Ergebnisse der letzten Überprüfungen zu geben, z. B. ob ein Bodenaustausch vorgenommen wurde oder aber alle inzwischen neu erstellten Hausanschlussleitungen in das Planwerk aufgenommen wurden.

Ganz wichtig ist es, den organisatorischen Ablauf, die Verantwortlichkeiten usw. bei z. B. einem A-Schaden sowie das Verhalten bei akuter Gefahr zu besprechen und festzulegen. Natürlich gibt der DVGW-Hinweis G 465-3 die Festlegung der Leckklassen vor, aber ggf. hat der Netzbetreiber noch weitere Festlegungen. Und für den Gasspürer ist sicherlich nicht sofort klar, ob es z. B. unternehmensspezifische Festlegungen im Hinblick auf die Definition von Bauwerken/Hohlräumen gibt.

Somit muss auch diese Thematik vollständig besprochen werden.

Als besondere Maßnahme, die normalerweise nicht im Leistungsumfang der oberirdischen Überprüfung gemäß DVGW-Arbeitsblatt G 465-1 enthalten ist, wäre z. B. die zusätzliche Überprüfung von Gaskonzentrationen am Kellerfenster vorab zu klären und vor allem der weitere Umgang mit solchen.

Vorbesprechungsprotokoll Gasrohrnetzüberprüfung

Auftraggeber: Teilnehmer:

______________________ ______________________

______________________ ______________________

______________________ ______________________

______________________ ______________________

Ansprechpartner des AG: ______________ Telefonnummer: ______________

Telefonnummer für Meldungen bei akuter Gefahr: ______________

wer übernimmt "A- Schäden": ☐ AN bleibt dauerhaft vor Ort ☐ Entstördienst

☐ Ansprechpartner ☐ ______________

mögliche Arbeitszeiten Montag bis Donnerstag: ______________

Freitag: ______________

Lotse passt sich nach Möglichkeit den Arbeitszeiten des Rohrnetzüberprüfers an: ☐ ja ☐ nein

Lotse ist während der Überprüfungsmaßnahme in den Bereitschaftsdienst eingebunden: ☐ ja ☐ nein

letzte Überprüfung im Einsatzgebiet: __________ Ergebnis der Überprüfung: ______ Schäden/ km

alle "Altschäden" beseitigt ☐ ja ☐ nein Bodenaustausch wurde vorgenommen ☐ ja ☐ nein

Volumen:

Transportltg. HD > 16 bar ________ km

Versorgungsltg. 5 bis 16 bar ________ km incl. HAL ☐ zuzügl. HAL ☐

Versorgungsltg. ≤ 1 bar bis 5 bar ________ km incl. HAL ☐ zuzügl. HAL ☐

Sondermaßnahmen wie z.B. Bergsenkung: ______________

____

Abrechnung HAL- Längen: tatsächliche Länge ☐ Stck. ☐

Planwerk:

☐ analog ☐ digital **wenn digital** - Übersichtsplan mit Gebietsgrenzen vorhanden ☐ ja ☐ nein

wenn analog: Maßstab des zur Verfügung gestellten Planmaterials: ______________

Stand des Planwerkes: ______________

Hausanschlussleitungen: ☐ im Plan vorhanden Besonderheiten: ______________

☐ mit Plaketten versehen ______________

☐ nach HAL- Skizzen ______________

☐ nach HAL- Kartei ______________

neuverlegte HAL sind im Planwerk eingetragen: ☐ ja ☐ nein

Bild 3.19: Vorbesprechungsprotokoll

Leistungsverzeichnis/ Dokumentation:

LV Positionen besprochen — ☐ ja

Kellerfensterüberprüfung im Rahmen der HAL Überprüfung — ☐ ja ☐ nein

Nachkontrollen der beseitigten Schäden: — ☐ durch AN im Rahmen der Rohrnetzüberprf.
wenn durch AN, wie erfolgt die Dokumentation?:
____
☐ erfolgt durch den AG selber

Nachkontrolle der nicht überprft. HAL — ☐ durch AN
☐ durch AG

Dokumt. Überbauungen/ Überpflanzungen — ☐ ja ☐ nein **bei Ja** Lotse oder Gasspürer
in welchem Umfang: ____________________
____
____

Dokumt. nicht überprüfte Leitungsteile — ☐ ja ☐ nein **bei Ja** Lotse oder Gasspürer

Stempel und Unterschrift auf anlogen: — ☐ Übersichtsplänen ☐ Bestandsplänen

"Abmarkern" der analogen: — ☐ Übersichtsplänen ☐ Bestandsplänen

Mängel: ____________________
____
____

Art der restlichen Dokumentation der Überprüfung:____________________
____
____

Verschluss der Sondenlöcher: — ☐ Kunstoffstopfen ☐ Bitumenstopfen

Klassifizierung erfolgt gemäß: — ☐ DVGW- Arbeitsblatt G 465/ III u. Stand der Technik
☐ zusätzlich nach Anweisung des AG
☐ Hohlräume : ____________________
____

Besonderheiten/ Bemerkungen:
____
____
____

Für die Richtigkeit:	Name:	Unterschrift:
Datum:	____________	
AN Mitarbeiter:	____________	____________
Lotse:	____________	____________
Beauftragter des Auftraggebers:	____________	____________

Noch ein Punkt ergibt sich immer wieder, da es keine einheitliche Regelung für alle Netzbetreiber gibt. Welche Art von Mängeln, die im Rahmen der Rohrnetzüberprüfung durch den Gasspürer mit aufgenommen werden sollen, gibt es bzw. welche sind für den Netzbetreiber relevant. Hierzu zählen

- die Überbauungen (was ist für den Netzbetreiber eine Überbauung?)
  - Carport dreiseitig geschlossen ja/nein?
  - Müllbox ja/nein?
  - Gartenteich, Schwimmbecken ja/nein?
- die Überpflanzungen/Bäume (welche, und vor allem in welchem Abstand zur Leitung, sollen sie aufgenommen werden?),
- die Hausanschlussplaketten (sollten Plaketten vorhanden sein, und wenn nein, werden diese direkt wieder angebracht?),
- die Beschilderung (soll defekte oder nicht vorhandene mit aufgenommen werden?) und
- Planwerksfehler.

Alle Beteiligten – Beauftragter des Auftraggebers, Gasspürer und ggf. der Lotse – unterschreiben das ausgefüllte Protokoll.

Da alle aufgeführten Informationen genauso für „eigene" Gasspürer der Netzbetreiber wertvoll sind, muss eine Vor- oder Projektbesprechung zu Beginn der Arbeiten ebenfalls durchgeführt werden.

Sehr hilfreich für die Vorbesprechung sind vom Netzbetreiber schriftlich festgelegte Ausführungsbestimmungen, die der Gasspürer im Vorfeld des Auftrages zur Verfügung gestellt bekommt.

Ein Beispiel für ein Protokoll einer Vorbesprechung zeigt **Bild 3.19**.

Zusammenfassung

Die Gasrohrnetzüberprüfung dient dem Erhalt der Betriebssicherheit der Gasversorgungsnetze. Als eines der wichtigen Hilfsmittel kommt hierbei das Planwerk der zu überprüfenden Rohrleitungen zum Einsatz. Die Qualität der Überprüfung kann jedoch nur so gut sein, wie das zur Verfügung gestellte Planwerk. Das Planwerk muss aktuell sein und den gesamten Überprüfungsbereich darstellen. Es ist daher dem Rohrnetzüberprüfer und ggf. dem eingesetzten Lotsen zu empfehlen, das zur Verfügung gestellte manuelle als auch digitale Planwerk kritisch zu hinterfragen. Bereits im Vorgespräch zur Überprüfungsmaßnahme muss die Aktualität abgefragt werden.

Eine Einweisung in das Lesen von Planwerken ist unumgänglich und der Umgang mit den EDV-Hilfsmitteln muss regelmäßig geschult werden.

3.3.2 Planmäßige Überprüfungsmaßnahmen

➢ Lernziele

- Sie sind vertraut mit den Einflussfaktoren bei der oberirdischen Überprüfung.
- Sie kennen die Überprüfungszyklen je nach Druckstufe.
- Sie kennen den Anwendungsfall Prüfung Bodenluft.

Zur Erhaltung der betrieblichen Sicherheit der Gasrohrnetze ist eine regelmäßige Überprüfung aller Versorgungs- und Netzanschlussleitungen mit einem Betriebsdruck bis 16 bar einschließlich der Hauptabsperreinrichtungen erforderlich.

Den überwiegenden Teil der planmäßigen Gasrohrnetzüberprüfung macht zweifelsohne die turnusmäßige oberirdische Überprüfung erdverlegter Versorgungs- und Netzanschlussleitungen aus.

Die Festlegung des Überprüfungsturnus erfolgt durch den Netzbetreiber und wird im Wesentlichen bestimmt durch Netzstruktur, Netztopografie sowie den vorhandenen Leitungsmaterialien.

Des Weiteren werden für die Festlegung auch die Leckstellenhäufigkeit vorangegangener Überprüfungen und der Betriebsdruck berücksichtigt.

Unter Beachtung spezieller Belange, wie z. B.

- der Betriebsbedingungen (z. B. kathodischer Korrosionsschutz für Stahlleitungen),
- des technischen Zustands (Einbeziehung der Störungen bei der Ermittlung der Leckstellenhäufigkeit je Kilometer geprüfte Leitungslänge) oder
- Einflüssen von Bergsenkungsgebieten

ist vom Netzbetreiber ein Überprüfungsplan zu erstellen. Hierbei ist das Material, die Druckstufe und die Lage der Leitung innerhalb oder außerhalb der Bebauung zu beachten.

3.3.2.1 Überprüfungszyklen

Für die in den Tabellen 1 und 2 des DVGW-Arbeitsblattes G 465-1 festgelegten Überprüfungszyklen gilt es zu beachten:

- Netzanschlussleitungen sind gleichzeitig mit den Versorgungsleitungen zu überprüfen.
- Leckstellen, die im Zuge des Bereitschaftsdienstes festgestellt werden, sind bei der Ermittlung der Leckstellenhäufigkeit mit einzubeziehen.
- Durch Dritte verursachte Schäden (z. B. durch Baggereingriff) sind bei der Ermittlung der Leckstellenhäufigkeit nicht zu berücksichtigen.
- Sofern in einem Überprüfungsabschnitt Betriebsmittelgruppen/Leitungsmaterialien vorhanden sind, deren Leckstellenhäufigkeit nach Auswertung einen geringeren Überprüfungszeitraum als den des jeweiligen Überprüfungsabschnittes ergeben, sind diese nach einem kürzeren Überprüfungszeitraum zu überprüfen.

- Wenn die Leckstellenhäufigkeit den Wert ≥ 1 Leck/km übersteigt, ist der Überprüfungszeitraum zu halbieren oder es sind außerplanmäßige Überprüfungsmaßnahmen durchzuführen.
- In Bergsenkungsgebieten ist der Mindestüberprüfungszeitraum nach den örtlichen Verhältnissen festzulegen. Das DVGW-Merkblatt G 474 ist zu beachten.
- Unabhängig von den Festlegungen in der Tabelle 3.5 sind nicht bruchsicher sanierte Graugussleitungen mindestens einmal jährlich zu überprüfen. Für Graugussleitungen, die nach DVGW-Arbeitsblatt GW 327, GW 320-1 oder GW 320-2 saniert wurden, gelten die in Tabelle 3.9 (= 3.7) angegebenen Überprüfungszeiträume.

3.3.2.2 Überprüfungszeiträume außerhalb bebauter Gebiete

Gasleitungen außerhalb bebauter Gebiete sind entsprechend Tabelle 3.6 planmäßig auf Leckstellen zu überprüfen.

Auf die oberirdische Überprüfung auf Dichtheit kann verzichtet werden, wenn Streckenkontrollen durch Begehen oder Befahren mindestens alle vier Monate oder durch monatliches Befliegen und halbjährliches Begehen der betriebswichtigen Punkte durchgeführt werden. Der Befliegungsrhythmus kann auf zwei Monate ausgedehnt werden, wenn die betriebliche Erfahrung, die Ergebnisse der Berichterstattung und die örtlichen Verhältnisse dies zulassen. Dies gilt nur für PE-Leitungen und kathodisch geschützte Stahlleitungen.

Oberirdische Kennzeichnungen der verlegten Gasleitung und sonstige Bauteile sind in die Überprüfung einzubeziehen.

3.3.2.3 Optimierung von Überprüfungsumfang und -turnus

Im Zuge der Planung der Überprüfungsbezirke ist die Einteilung des Netzes in wirtschaftlich sinnvolle Überprüfungsabschnitte von entscheidender Bedeutung.

Es ist sicherlich nur sehr selten sinnvoll, alle Leitungen eines Ortsnetzes, unabhängig von Druckstufe, Leckstellenhäufigkeit und Material, nach dem kürzestmöglichen Turnus zu überprüfen. Umgekehrt ist es ebenfalls nicht praktikabel, Reparaturabschnitte von wenigen Metern in einem von der Gesamtleitung abweichenden Turnus zu überprüfen.

Neben der Überprüfung des erdverlegten Gasrohrnetzes auf Leckstellen sind nachstehende Überprüfungsarbeiten ebenfalls planmäßig durchzuführen:

- Prüfung der innenliegenden Teile des Netzanschlusses (siehe Prüfung im Bauwerk),
- Prüfung freiverlegter Gasleitungen einschließlich Befestigung und Außenschutz,
- Prüfung von Brückenleitungen,
- Prüfung des Leitungszubehörs: Armaturen, Straßenkappen, Hinweisschilder,
- Prüfung der Wirksamkeit des kathodischen Korrosionsschutzes.

Die Erfahrungen in der Praxis zeigen, dass die komplexe Durchführung aller Inspektions- und Überprüfungstätigkeiten der Garant für eine sichere und stabile Gasversorgung ist.

Leckstellenhäufigkeiten von < 0,1 Leckstellen pro überprüften Kilometer Leitungslänge sind heutzutage keine Seltenheit mehr. Die daraus resultierenden, nach Regelwerk maximal zulässigen Überprüfungsintervalle haben aber auch aufgezeigt, dass ein Überprüfungszyklus von z. B. sechs Jahren auch Nachteile mit sich bringt.

Gerade die o. g. „Nebenarbeiten" zur Gasrohrnetzüberprüfung sichern die Funktionalität der Einbauteile, den sicheren Bestand der Leitungsanlagen und verhindern unzulässige Trassenbeeinflussungen, z. B. durch Bebauungen oder Bepflanzungen. Je länger die Überprüfungsfristen, desto mehr Trassenbeeinflussungen ergeben sich, und demzufolge erhöht sich der Mehraufwand zur Wiederherstellung regelgerechter Anlagenzustände.

An wichtigen Betriebspunkten und in Gebieten mit besonderem Schutzbedürfnis, siehe hierzu G 466-1, können zusätzliche Inspektionen bzw. Wartungen erforderlich werden. Diese Inspektionen bzw. Wartungen sind häufig durch die örtlichen Verhältnisse begründet. Zu den wichtigen Betriebspunkten und Gebieten mit besonderem Schutzbedürfnis zählen beispielsweise

- Rohrbrücken und Leitungen an Brücken,
- Kreuzungen mit Wasserläufen,
- Mantelrohre,
- Isoliertrennstellen,
- Armaturenstationen und Absperrarmaturen,
- Ausbläser,
- freiverlegte Leitungen (mit und ohne Kompensatoren) und Düker,
- Flüssigkeitssammler und
- Leitungsabschnitte in Setzungs- und Hebungsgebieten oder erdrutschgefährdeten Gebieten sowie bergbaubeeinflussten Gebieten.

3.3.2.4 G 466-1 „Überprüfung von Leitungen > 16 bar"

Das DVGW-Arbeitsblatt G 466-1 beschreibt die Instandhaltung, Wartung und Inspektion von Gasleitungen aus Stahlrohr mit einem Auslegungsdruck von mehr als 16 bar. Die geforderten Streckenkontrollen wie Begehen, Befahren oder Befliegen werden in ihren Abläufen und Überprüfungszyklen erläutert. Jede dieser in Betrieb befindlichen Gasleitungen ist in angemessenen Zeitabständen zu inspizieren und zu warten. Unter Berücksichtigung der unternehmensspezifischen Verhältnisse werden die Zeitabstände jeweils von der Betriebsleitung festgelegt. Die Mindestzeiträume der Überprüfung sind in Abschnitt 3.3 definiert und im Anhang B, Tabelle B1 und B2 dargestellt.

Diese sind abhängig von der Lage der Leitung zu Gebäuden. Einfluss hat auch die Art und Weise der Überprüfung / Streckenkontrolle (z. B. Begehen, Befahren, Befliegen, Überprüfung nach G 465-1).

3.3.2.5 Lage der Leitung zu Gebäuden

Im Sinne dieser Technischen Regel gilt als bebautes Gebiet ein Gelände, das bereits bebaut ist oder das im Geltungsbereich eines gültigen Bebauungsplanes (gemäß §§ 8, 11 Baugesetzbuch) zur Bebauung ausgewiesen ist. Darunter fällt auch Gelände, in dem Gasleitungen näher als 20 m an Wohngebäuden oder Gebäuden, die zum ständigen Aufenthalt von Menschen bestimmt sind, vorbeigeführt werden.

3.3.2.6 Inspektionsintervalle innerhalb der Bebauung

- Die Leitungstrasse ist jährlich einmal nach G 465-1 zu überprüfen oder
- mindestens zweimal jährlich Straßenkappen öffnen und auf Gasspuren überprüfen und
- mindestens alle zwei Monate zu begehen, zu befahren oder
- monatlich zu befliegen (Voraussetzungen müssen gegeben sein).

Der Befliegungsrhythmus kann auf zwei Monate ausgedehnt werden, wenn die betriebliche Erfahrung, die Ergebnisse der Berichterstattung und die örtlichen Verhältnisse dies zulassen.

An nicht unmittelbar zugänglichen Bereichen kann die Überprüfung nach DVGW-Arbeitsblatt G 465-1 auch durch laser-/infrarotgestützte Detektionsverfahren erfolgen.

3.3.2.7 Inspektionsintervalle außerhalb der Bebauung (unbebautes Gebiet)

- Die Leitungstrasse ist mindestens alle vier Monate zu begehen, zu befahren (einschließlich Kontrolle wichtiger Betriebspunkte) oder
- monatlich zu befliegen und
- es ist mindestens alle sechs Monate eine örtliche Kontrolle wichtiger Betriebspunkte vorzunehmen.
- Für Bergsenkungsgebiete gelten zusätzliche Kontrollen sowie die Beachtung des DVGW-Hinweises G 474.

Der Befliegungsrhythmus kann auf zwei Monate ausgedehnt werden, wenn die betriebliche Erfahrung, die Ergebnisse der Berichterstattung und die örtlichen Verhältnisse dies zulassen.

Neben dem Hinweis zur Überprüfung der Wirksamkeit des kathodischen Korrosionsschutzes sind auch Hinweise hinsichtlich von Baumaßnahmen im Bereich der Gasleitungen, Änderungen der Betriebsbedingungen oder der Bebauung und andere vorhanden. Daraus ergeben sich weitere Überprüfungsaufgaben.

Die Betriebsleitung des Betreibers hat nach den örtlichen Verhältnissen die angemessenen Zeitabstände für die Überprüfung festzulegen. Die Zeitabstände wie auch alle anderen Anforderungen an die Überprüfung sind zu dokumentieren. Das Durchführen der Arbeiten wird erleichtert und Missverständnissen vorgebeugt.

3.3.2.8 Wichtige Betriebspunkte

Unter wichtigen Betriebspunkten sind u. a. zu verstehen:

- Rohrbrücken und Leitungen an Brücken,
- Kreuzungen von Wasserläufen,
- Mantelrohre,
- Isoliertrennstellen,
- Armaturenstationen,
- Ausbläser,
- Freiverlegte Leitungen (mit und ohne Kompensatoren) und Düker,
- Flüssigkeitssammler,
- Dehner,
- Setzungs- und Hebungsgebiete oder erdrutschgefährdete Gebiete,
- Bergbaugebiete.

3.3.3 Außerplanmäßige Überprüfungsmaßnahmen

Außerplanmäßige Überprüfungsmaßnahmen sind:

- Überprüfungen auf Leckstellen im Winter,
- Überprüfungen infolge Änderung der Betriebsbedingungen,
- Überprüfungen bedingt durch Beeinflussungen im Bereich des Gasrohrnetzes, z. B.:
  - bodenfrostbedingte Beanspruchungen von Graugussleitungen,
  - Setzungen im Bereich von Leitungstrassen,
  - Grunderneuerungen von Straßen,
  - streckenweise erhöhte Bodenaggressivität,
  - besondere Beanspruchungen durch überhöhte Deckung oder zusätzliche Verkehrsbelastungen,
  - Fremdbaustellen.

Die Festlegungen zu außerplanmäßigen Überprüfungen sind vor dem Eintritt der neuen Situation, also vor dem Winter bzw. vor oder nach Änderung der Betriebsbedingungen, zu treffen. Als Anhaltspunkte hierfür gelten betriebliche Erfahrungen, Witterungs- und örtliche Verhältnisse.

Planmäßige Überprüfungsmaßnahmen werden dadurch nicht ersetzt.

3.3.3.1 Sondermaßnahmen im Winter

Während lang anhaltender Frostperioden kann es durch die gefrorene und somit gasundurchlässige Oberfläche zu völlig veränderten Gasausbreitungsverhältnissen im

Bereich einer Schadenstelle kommen. Unter diesen Bodenverhältnissen kann das Gas nicht mehr durch die Oberfläche diffundieren und sucht sich andere Fluchtwege und Ausweichmöglichkeiten. Dies können Abwasser- und Fernheizungssysteme, Hohlräume von Kabelabdeckhauben oder Schächte sein.

So kann sich z. B. die Grenze der Gasausbreitung einer als „B" klassifizierten Schadenstelle nach strengem Bodenfrost bis hin zu einem Gasnachweis im Bauwerk verändern.

Der Netzbetreiber hat bei entsprechenden Hinweisen festzulegen, welche Straßeneinbauten und Einrichtungen im Umfeld des Gasnetzes in die Überprüfung mit einzubeziehen sind. Hohlräume können z. B. Schächte, Kanäle, Wassereinläufe oder Lichtsignalanlagen sein.

Zur Vorbereitung einer Schachtüberprüfung im Winter empfiehlt es sich in jedem Fall, bereits im Herbst Schächte und Hohlräume im Planwerk zu markieren, da diese unter einer Schneedecke nur schwer auffindbar und somit überprüfbar sind. Im Ablauf einer Winterüberprüfung werden Schächte im gesamten Straßenbereich kontrolliert. Es wird eine Überprüfung aller Straßeneinbauten durchgeführt. Zur Hohlraumkontrolle werden u. a. Gaskonzentrationsmessgeräte im Einsatzfall Bauwerk/Hohlraum eingesetzt. Handgeräte mit einem Messbereich bis 100 % UEG sind ebenfalls zulässig.

Alternativ zur Begehung kann für die Schachtkontrollen auch ein Gasspürfahrzeug eingesetzt werden.

Ein weiterer Bestandteil kann der sogenannte Haustest sein. Hierbei werden alle Gebäude, auch nicht gasversorgte, einer Straße begangen und auf Raumluftkonzentration hin überprüft.

Eine weitere Wintermaßnahme ist die Überprüfung nicht beseitigter Schadenstellen, die in die Frostperiode übernommen werden mussten. Hierbei wird kontrolliert, ob sich die Grenze der Gasausbreitung verändert hat.

Die Häufigkeit der Überprüfungen richtet sich nach den örtlichen Verhältnissen, nach der Gasdurchlässigkeit des Erdbodens bzw. der Oberfläche infolge der Dauer und Intensität der Frostperiode und den lokalisierten Leckstellen.

3.3.3.2 Änderungen von Betriebsbedingungen

Wenn sich die Betriebsbedingungen z. B. durch eine Änderung des Betriebsdruckes oder der Gasbeschaffenheit so ändern, dass sich für den Betrieb der Gasleitungen Änderungen ergeben können, hat der Netzbetreiber zusätzliche Überprüfungsmaßnahmen festzulegen und durchzuführen.

3.3.3.3 Beeinflussungen im Bereich der Leitungstrasse

Beispiele, bei denen der Netzbetreiber situationsabhängig Sonderüberprüfungsmaßnahmen festzulegen hat:

- Gasleitungen, die bei Bodenfrost besonderen Beanspruchungen unterliegen,
- Setzungen im Bereich von Gasleitungen, z. B. als Folge tiefgründender Baumaßnahmen oder von Grundwasserabsenkungen,

- Grunderneuerung von Straßen,
- Setzungen im Bereich von Gasleitungen in Bodensenkungsgebieten (z. B. Bergbaugebiete),
- Gasleitungen im Gefährdungsbereich möglicher Streustromaustrittsstellen z. B. Nähe von Gleichrichteranlagen für Gleichstrombahnen,
- Gasleitungen, die zusätzlichen Beanspruchungen ausgesetzt sind (z. B. erhöhte Rohrüberdeckung durch nachträgliche Geländeaufschüttungen, Umleitungen des Straßenverkehrs, Schwerlasttransporte, Ramm- und Sprengarbeiten),
- Zeitweilige Beeinträchtigung der Zugänglichkeit einer Gasleitung (z. B. durch Aufstellen von Zelten, Schaustellergeschäften, Campingwagen, Containern).

3.3.4 Innenliegender Teil des Netzanschlusses

Innerhalb des Gebäudes liegende Leitungsteile der Netzanschlussleitung von der Mauerdurchführung bis einschließlich der Hauptabsperreinrichtung sind alle 12 Jahre zu überprüfen. Der Überprüfungszeitraum ist bei sicherheitsrelevanten Auffälligkeiten für die jeweilige Betriebsmittelgruppe zu verkürzen.

Die Überprüfung umfasst u. a.

- die Überprüfung der innenliegenden Teile des Netzanschlusses auf Zugänglichkeit und äußere Dichtheit,
- die Überprüfung der Hauptabsperreinrichtung auf Gangbarkeit,
- die Überprüfung auf ordnungsgemäßen Zustand der Mauerdurchführung, der Hauptabsperreinrichtung und – sofern vorhanden – der Auszugssicherung,
- die Sichtprüfung des Korrosionsschutzes und der ggf. vorhandenen elektrischen Trennstelle,
- die Dichtheit und sichere Verwahrung bei inaktiven (nicht mit der Installation verbundenen) Netzanschlüssen.

Sofern bei der Überprüfung der innenliegenden Teile des Netzanschlusses visuelle Mängel an der Gasinstallation offensichtlich werden, ist der Betreiber der Gasinstallation über die Mängel zu informieren.

Die Überprüfung der äußeren Dichtheit der innenliegenden Teile des Netzanschlusses erfolgt mit schaumbildenden Mitteln nach DIN EN 14291 oder mit Gaskonzentrationsmessgeräten nach DVGW-Merkblatt G 465-4.

3.3.4.1 Prüfung im Bauwerk (Haus)

- Die Prüfung im Haus ist die Prüfung der Raumluft in Bauwerken.
- Überprüfung der innenliegenden Teile des Hausanschlusses auf äußere Dichtheit und ordnungsgemäßen Zustand (siehe G 465-1),
- Überprüfung des Gebäudes auf von außen eindringendes Gas.

Diese Arbeiten werden teilweise auch von Gasspürern durchgeführt.

Unterschieden wird in planmäßige und außerplanmäßige Prüfungen im Haus. Eine planmäßige Prüfung im Haus ist im Turnus von 12 Jahren durchzuführen. Für in den neuen Bundesländern vor 1990 errichtete Netzanschlüsse gilt ein verkürzter Prüfturnus von zehn Jahren im ND-Netz und fünf Jahren im MD-Netz (siehe TGL 190-356/02).

Spezifische Festlegungen zu planmäßigen Prüfungen im Haus sind für Gasleitungen im Einwirkungsbereich des Steinkohlenbergbaus (siehe DVGW-Hinweis G 474 „Maßnahmen für den sicheren Betrieb von Gasrohrleitungen in den Einflusszonen bergbaulicher Tätigkeiten") zu treffen.

Außerplanmäßige Prüfungen im Haus sind erforderlich

- bei Gasausbreitung von einer Leckstelle bis in die Nähe von Gebäuden,
- (auch nicht gasversorgte) bei Leckklassifikation A II,
- bei Feststellung von Gaskonzentrationen an Gebäudeaußenwänden, über Kellerfenstern, Lichtschächten, an Hausanschlussschränken usw.,
- bei nicht beseitigten Leckstellen der Leckklassen B und C infolge größerer Gasausbreitung im Winter und
- bei besonderen Beeinflussungen der Gasleitung (siehe G 465-1).

3.3.4.2 Was ist bei der Prüfung im Haus zu beachten?

- Verwendung von ex-geschützten Gaskonzentrationsmessgeräten und Arbeitsmitteln.
- Die Gaskonzentrationsmessgeräte müssen die höchste Nachweisempfindlichkeit aufweisen. Durch Geruch sind Gaskonzentrationen bei normaler Odorierung erst ab ca. 200 ppm feststellbar.

Gaskonzentrationen bis ca. 400-500 ppm werden aber von Gaskonzentrationsmessgeräten mit dem Wirkprinzip Wärmetönung nicht gemessen.

- Das zum Einsatz kommende Gaskonzentrationsmessgerät ist in gasfreier Atmosphäre (außerhalb des Bauwerks) in Betrieb zu nehmen.
- Wird das Gaskonzentrationsmessgerät bei Gasgeruch anfänglich mit dem Wirkprinzip Wärmetönung oder bei Menüführung mit dem Einsatzfall „Überwachung Arbeitsraum" betrieben, bewirkt die Umschaltung in nicht gasfreier Atmosphäre auf den gassensitiven Halbleiter, Einsatzfall „Prüfung im Haus", dass Gaskonzentrationen bis ca. 100 ppm unterdrückt, d. h. als Null angezeigt werden.
- Von außen in das Bauwerk eindringendes Gas bedeutet in jedem Fall Leckklasse A I.
- Bei Undichtheiten an Flüssiggasleitungen in Gebäuden ist immer die Gasversorgung zu unterbrechen.

3.3.4.3 Beurteilung von Leckstellen und Undichtheiten an Gasleitungen und anderen gasführenden Bauteilen in Gebäuden

In Gebäuden befindet sich in der Regel die Schnittstelle von Gasverteilung und Gasanwendung, die Grenze des Geltungsbereichs der Arbeitsblätter G 465-1 bis 3 und der

TRGI. In der Gasverteilung spricht man von Leckstellen, in der Installation von Undichtheiten. Logisch ist auch, dass die Vorgehensweise und die Beurteilung von Leckstellen und Undichtheiten in Gebäuden unter Berücksichtigung spezifischer Belange harmonieren sollten. Können an Installationsleitungen Leckmengenmessungen durchgeführt werden, so ist diese Möglichkeit z. B. an der Anschlussleitung bis zur Hauptabsperreinrichtung nicht gegeben. In der Praxis hat sich gezeigt, dass es eine Reihe technisch sehr geringfügiger Leckagen gibt, nach deren Feststellung die durchgeführte Leckmengenmessung ein Ergebnis von < 1 l/h ergibt, und somit uneingeschränkte Gebrauchsfähigkeit der Gasanlage vorliegt.

Im DVGW-Regelwerk existiert eine Lücke zwischen im Raum gemessenen Gaskonzentrationen im Bereich von wenigen ppm und trotzdem vorliegender uneingeschränkter Gebrauchsfähigkeit.

3.3.4.4 *Was ist sinnvoll? Was wird derzeit in der Praxis getan?*

Für den Einsatz mit Gaskonzentrationsmessgeräten ist ein Richtwert für die gemessenen Gaskonzentrationen im Raum vorzugeben, bei dessen Erreichen unbedingt durch den Netzbetreiber weitere Maßnahmen zu veranlassen sind. Dieser Richtwert ist auch insofern sinnvoll, als das derzeit Gerätetechnik auf dem Vormarsch ist, mit der Methan im Bereich kleiner 1 ppm zu detektieren ist. Dieser Richtwert schreibt quasi die erforderliche Mindestempfindlichkeit für die einzusetzende Gerätetechnik fest, sagt aber auch aus, dass kleinere detektierte Werte für eine sichere Installation nicht relevant sind.

Dieser Richtwert ist im Technischen Hinweis G 465-3 festgelegt worden. So heißt es dort:

Befund im Bauwerk/Hohlraum

Gemessene Gaskonzentration von ≥ 10 ppm Brenngas im Raum, die durch eine Leckstelle an einer erdverlegten Leitung/Netzanschlussleitung einschließlich Hauptabsperreinrichtung begründet ist.

Dem gasfachlich geschulten Personal sind auf Erfahrungen basierende Beispiele für sicherheitstechnisch einwandfreies Vorgehen bei messtechnischem Nachweis von Erdgas in der Raumluft aufzuzeigen. Dabei ist vorzugeben, wie bei unterschiedlichen, an der Ausströmstelle gemessenen Gaskonzentrationen vorzugehen ist. Eine Aussage zur Gebrauchsfähigkeit einer Hausinstallation auf der Basis der Messung der Gaskonzentration in der Raumluft kann natürlich nicht getroffen werden.

Das Verhalten bei Gasgeruch gemäß TRGI bleibt davon unberührt.

3.3.4.5 *Prüfung der Gebrauchsfähigkeit*

Die im DVGW-Arbeitsblatt G 600 beschriebene Gebrauchsfähigkeit der Gasinstallation betrifft den Teil der Kundenanlage zwischen der Hauptabsperreinrichtung und dem Absperrhahn der Gasverbrauchsanlage.

Verwendet werden zwei Prüfmethoden:

- Druckabfallmethode
- Volumenstrommessung.

Zur Druckabfallmethode soll an dieser Stelle keine Aussage gemacht werden, da diese weitestgehend durch die Volumenstrommessung ersetzt wurde.

Die Feuertaufe hat die Volumenstrommessung bei der schnellen Umstellung auf Erdgas in den neuen Bundesländern bestanden. Damals mussten kurzfristig alle Gasinstallationen überprüft werden. Das führte letztlich dazu, die Messtechnik und das Zubehör so zu verbessern, dass die Prüfungen zügig durchgeführt werden konnten.

Heute ist das Verfahren Standard in der Gaswirtschaft. Angewandt werden zwei Einsatztechnologien:

- Leckmengenmessung intern: Anstelle des Gaszählers wird das Leckmengenmessgerät zwischengeschaltet. Damit können nur Undichtheiten in Richtung Gasverbrauchsanlage erfasst werden. Aus der Flussrichtung ergibt sich, dass der Leitungsabschnitt des ungemessenen Gases nicht geprüft werden kann.
- Leckmengenmessung extern: Hier erfolgt die Gasbereitstellung entweder aus einer Gasblase oder einer Druckgasflasche. Nach Ausbau des Gaszählers kann die Gasinstallation sowohl in Richtung Gasverbrauchsanlage als auch in Richtung Hauptabsperreinrichtung geprüft werden. Unter Umständen können von einem Zählerstandplatz mehrere Gasinstallationsanlagen geprüft werden.

Die Leckmengenmessung mittels Volumenstrommessung hat eindeutige Vorteile gegenüber der Druckabfallmethode. Randbedingungen wie Messdruck, Druckkonstanz usw. können automatisch vorgegeben werden, so dass eigentlich immer fehlerfrei gearbeitet werden kann. Der Zeitaufwand ist relativ gering. Außerdem erfolgt die Prüfung mit Erdgas oder reinem Methan.

Die Verwendung von Luft als Prüfmedium sollte der Vergangenheit angehören. Es sollte bedacht werden, dass die Luft ja wieder entfernt werden muss. Außerdem kann eine evtl. Undichtheit mit einem Gaskonzentrationsmessgerät nicht geortet werden.

Vielfach wird die Prüfung der Gebrauchsfähigkeit der Gasinstallation vom Netzbetrieb im Rahmen des Gaszählerwechsels als Kundenservice durchgeführt.

3.3.5 Oberirdische Überprüfung und Prüfung Bodenluft

3.3.5.1 Ortung

Jeder, der Arbeiten unter Erdgleiche durchführen will, hat sich vorher über mögliche Leitungen im Bodenbereich des Arbeitsumfeldes zu informieren. Dies gilt für die typischen Erdbauarbeiten sowie für artverwandte Tätigkeiten z. B. Bohren von Sondenlöchern zum Lokalisieren von oberirdisch festgestellten Gasausströmungen. Jeder, der in die Erde „greift", trägt die Verantwortung für die Ergebnisse seines Handelns – auch bei Sach- und/oder Personenschäden.

Hilfestellungen zur risikoarmen Vorgehensweise sind in verschiedenen Schriften aufgeführt. Dies sind Gesetze, Verordnungen, Normen, Regelungen der DGUV oder allgemein anerkannte Regeln der Technik, u. a. GW 315.

3.3.5.2 *Anforderungen an die eingesetzten Mitarbeiter*

Die Anforderungen an die in der Gaslecksuche eingesetzten Mitarbeiter sind in den letzten Jahren noch einmal gestiegen. Der Einsatz von Laptop-Computern mit digitalem Planwerk oder die Ausbildung als Kombimonteur seien hier als Beispiel aufgeführt.

Insbesondere ist der Gasspürer gefordert, jeden Tag aufs Neue zu entscheiden:

Qualität oder Wirtschaftlichkeit.

Auf der einen Seite steht die Forderung nach der Qualität der Rohrnetzüberprüfung, auf der anderen Seite ist es zwingend notwendig, dass der Mitarbeiter Gewinn erwirtschaftet. Einerseits dürfen die Bemühungen der Versorger Kosten zu reduzieren nicht in einem „Lopez Effekt" enden, andererseits ist der verantwortliche Fachmann des Dienstleister letztlich für auskömmliche Preise verantwortlich.

Bezogen auf Ziele und Hintergrund der Gasrohrnetzüberprüfung könnte zu hoher Preisdruck fatale Folgen nach sich ziehen. Eine Verringerung der Qualität ist z. B. gleichbedeutend mit reduziertem Schulungsaufwand der Mitarbeiter oder einer schnelleren Begehung der Verteilungsnetze. Letzteres Beispiel kann heißen, dass Schadenstellen „überlaufen" werden. Eine hohe Qualität in der Gasrohrnetzüberprüfung bedeutet jedoch, sicher zu sein, dass der Zustand der Gasrohrnetze dem geforderten Sicherheitsgedanken entspricht.

3.3.5.3 *Einflussfaktoren*

Neben den im weiteren Verlauf beschriebenen Einflussfaktoren sind auch die örtlichen Gegebenheiten und Besonderheiten in der Gasrohrnetzüberprüfung zu beachten.

Der Gasspürer hat von der einzusetzenden Gerätetechnik bis zu Maßnahmen zur Verbesserung der Lokalisationsergebnisse seinen Arbeitsablauf den örtlichen Bedingungen anzupassen.

Die ortspezifischen Faktoren werden zu einem späteren Zeitpunkt beschrieben. Zunächst betrachten wir die allgemeinen Einflussfaktoren.

3.3.5.4 *Witterung*

Den Einfluss der Witterung auf die Gasausbreitung haben in einem breit angelegten Versuchsaufbau die Herren Brötzenberger und Pass der TU Wien, Versuchsanstalt für Brennstoffe, untersucht. Die Ergebnisse [10] wurden 1987 veröffentlicht. Betrachtet wurden das Ausbreitungsverhalten und die Wechselwirkung bei unterschiedlichen Bedingungen der Oberfläche wie z. B. Regeneinwirkung oder gefrorene Oberfläche (**Bild 3.20**).

Aus der gesamten Untersuchung werden die wesentlichen Ergebnisse betrachtet: Es ist zu erkennen, dass die Gasausbreitung im Boden keinesfalls einen „Trichter" bildet, sondern sich vielmehr allseitig rund um die Austrittsstelle ausbreitet. Der Verlauf der einzelnen Gaskonzentrationslinien ist vergleichbar dem Bild einer senkrecht aufgeschnittenen Zwiebel. Für die Praxis bedeutet dies, dass auch Gas unterhalb der Rohrleitung in andere Systeme wie Kanäle u. ä. eindringt und fortgeleitet wird. Die folgen-

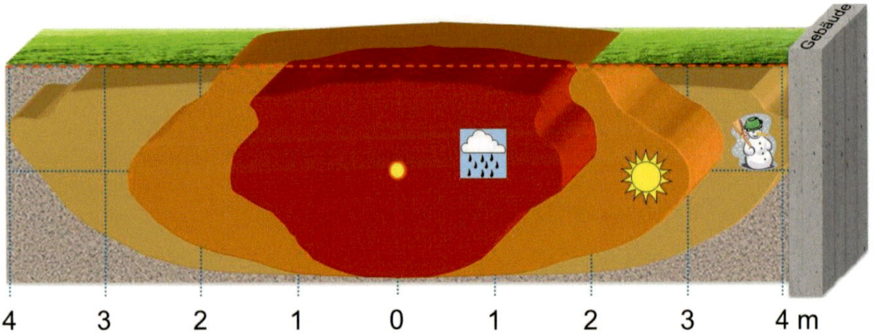

Bild 3.20: Witterungseinflüsse

den Punkte sind die wichtigste Grundlage für eine fachgerechte Rohrnetzüberprüfung:

- Bei Regen werden die kleinsten Flächenausdehnungen gefunden.
- Bei Bodenfrost wird die Gasausbreitung gravierend größer.
- Feuchte und überfrorene Oberflächen stoppen die Diffusion des Gases.
- Eine Überprüfung von Kellern und Hohlräumen ist erforderlich.

Wiederaufnahme der Arbeiten bei nassen Oberflächen/Böden

Für den oberirdischen Gasnachweis mit Gasspürgeräten ist die Diffusion und Ventilation des Gases an die Oberfläche zwingend erforderlich. Nasse Oberflächen und Böden erschweren oder verhindern die Fähigkeit des Gases, nach außen durchzudringen. Aber auch Bodenfrost stellt ein großes Hindernis für dieses Bestreben des Gases dar.

Die Erfahrung hat gezeigt, dass die Aufnahme der Arbeiten direkt nach dem Abtrocknen der Oberfläche verfrüht sein kann. Das Erdreich darunter kann immer noch feuchtnass sein und die Diffusion des Gases beeinflussen [3, 4, 10].

Daher wird die Überprüfung einer Teststelle vor Aufnahme der Arbeiten empfohlen. Die Teststelle kann auf einem künstlichen „Defekt" basieren. Vorzuziehen ist jedoch eine echte Schadensstelle, wie z. B. eine „C"-Stelle. Diese sollte im näheren Einzugsbereich des Standortes liegen, da sie unter Umständen mehrfach angefahren werden muss. Zudem darf diese Leckstelle noch nicht lokalisiert sein, da durch das Ausdünsten der Bohrlöcher die Anzeige verändert sein kann.

- Nur in der Praxis sind die Einflüsse vergangener Regentage und ihre Auswirkung auf die Gasrohrnetzüberprüfung erkennbar.
- Die Entscheidung über die Wiederaufnahme der Arbeiten trifft allein der Gasspürer, denn er trägt die Verantwortung für eine korrekte Durchführung der Arbeiten.
- Die Überprüfung einer Teststelle vor Aufnahme der Arbeiten wird empfohlen.

3.3.5.5 Gasausbreitung

Bodenbeschaffenheit und Oberflächen

Der Aufbau des Bodens und seine Beschaffenheit hat unterschiedliche Auswirkungen auf die Ausbreitungs- und Aufstiegsmöglichkeiten des freigesetzten Gases. Kieshaltige Böden sind wesentlich durchlässiger als Böden aus Lehm. Der Gasspürer hat sich bei seiner Arbeit auf diese Bodenbedingungen genauso gut einzustellen, wie auf Gasleitungen, die im Grundwasser liegen.

Für den oberirdischen Gasnachweis hat die Oberflächenbeschaffenheit einen entscheidenden Einfluss. Nachweisbar ist nur das an die Oberfläche diffundierte Gas. Eine Fläche mit Verbundstein-Pflasterung auf einem gasdurchlässigen Unterbau ist erheblich leichter zu überprüfen als eine betonierte Oberfläche mit einer dicken Packlage. Erhöhte Aufmerksamkeit ist auch auf die heute zahlreich anzutreffenden Fußgängerzonen zu richten. Eng gesetztes Verbundpflaster, Marmor- oder Fliesenbelag können eine gasundurchlässige Oberfläche schaffen. Diese reicht oftmals bis an das Gebäude heran. Hier müssen für eine fachgerechte Rohrnetzüberprüfung Schlitze gefräst oder auch Bohrungen durchgeführt werden. Der Gasspürer sollte den Netzbetreiber in jedem Fall über derartige Leitungsabschnitte informieren und diese in seiner Dokumentation vermerken.

Eine unbefestigte Oberfläche und eine geringe Ausströmmenge in Verbindung mit einem gasdurchlässigen Boden ergeben nur kleine Gasausbreitungen (**Bild 3.21**). Diese sind in der Regel leicht zu lokalisieren. Eine Ausnahme bildet ein reiner Sandboden. In diesem kann es an der Oberfläche zu sehr kleinen Gasausbreitungen kommen, die nur zu lokalisieren sind, wenn der Gasspürer die Sondenlöcher in sehr geringem Abstand (0,3 bis 0,5 m) einbringt. Grundsätzlich sollte der Abstand der Sondenlöcher auf der Trasse nicht mehr als 1 m betragen.

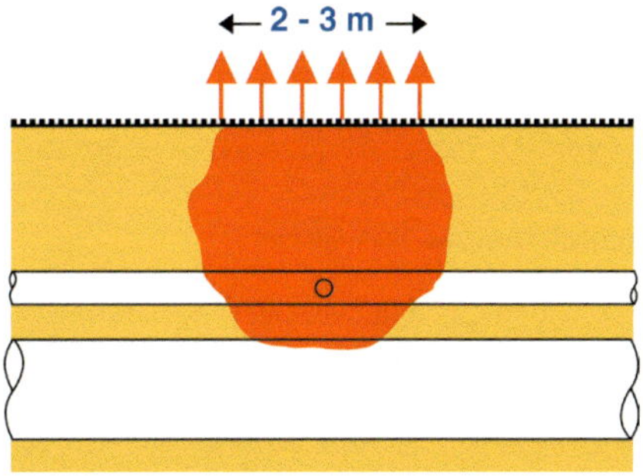

Bild 3.21: Gasausbreitung bei durchlässigem Boden

Wird die Oberfläche nun dichter und es tritt die gleiche geringe Menge Gas aus wie im vorherigen Beispiel, jetzt aber in Verbindung mit einem weniger durchlässigen Boden, so ist der direkte Gasaustritt gebremst. Das Gas wird gestaut und die Gasausbreitung wird größer (**Bild 3.22**). Dies ist dann auch an der Oberfläche erkennbar. Gas wird über eine größere Strecke oberirdisch nachgewiesen. Die Lokalisation wird erschwert.

Unterstellen wir nun die gleichen Verhältnisse wie im vorherigen Beispiel, jedoch nun mit einem Setzriss in der Oberfläche sowie einer nachträglichen Verfüllung (**Bild 3.23**), so stellt sich die Gasausströmung an der Oberfläche anders dar. Durch den Setzriss und den Aufbruch kann das Gas leichter nach außen diffundieren und es wird beim

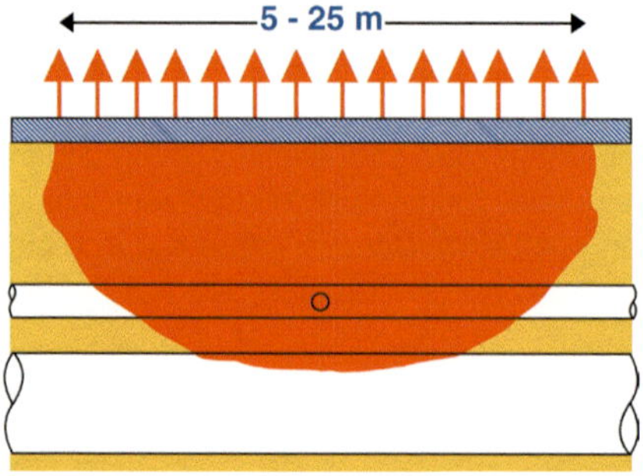

Bild 3.22: Gasausbreitung bei befestigter Oberfläche

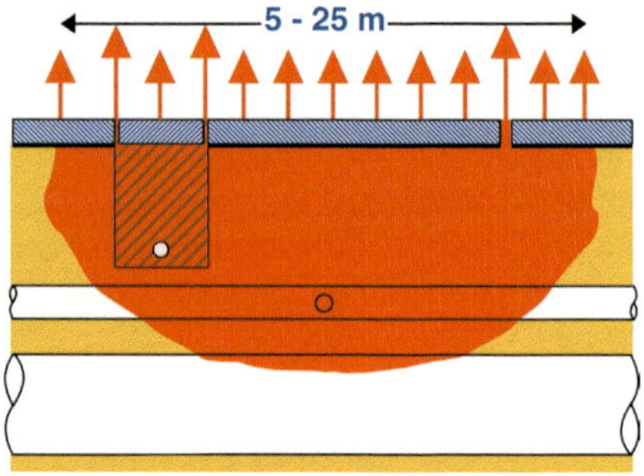

Bild 3.23: Gasausbreitung mit Setzrissen

Gasspüren leichter erkannt. Die Lokalisation wird jedoch erschwert, da durch die Ventilation oder Kaminwirkung am Setzriss und Aufbruch höhere Gaskonzentrationen festgestellt werden.

Merke: Art und Umfang der Ausbreitung ist abhängig von der Austrittsmenge sowie der Beschaffenheit der Oberfläche und nicht abhängigig von Art der Leitung ND HD. Eine Lokalisation durch den oberirdischen Gasnachweis ist nicht möglich.

Es gibt darüber hinaus noch zahlreiche weitere Stör- und Einflussfaktoren, die dem Anwender das Auffinden von Gasausströmungen erschweren.

Schleichwege des Gases

Auf seiner „Flucht" an die Oberfläche „geht" das Gas immer den Weg des geringsten Widerstandes. Beliebte „Fluchthelfer" sind Kabelabdeckhauben, Haubenkanäle, Abwasserleitungen, Kanäle, Schutzrohrsysteme fremder Medien und vergleichbare Schleichwege. Diese Elemente erschweren die Bestimmung der Schadenstelle. Sie sind auch hinsichtlich der Gasausbreitung zu beachten, da über diese „Fluchthelfer" das Gas sehr schnell in Bauwerke, wie z. B. Hohlräume, transportiert werden kann.

Daher müssen bei der oberirdischen Überprüfung alle Straßeneinbauten von z. B. Telefon-, Wasser-, Abwasser- oder anderen unterirdischen Anlagen mit überprüft werden.

Verkehrsverhältnisse

Die Beeinflussung durch den Straßenverkehr kann zum einen durch ein hohes Verkehrsaufkommen und zum anderen durch Abgase der Fahrzeuge erfolgen. Auf die Ursache „Abgase" wird im nächsten Abschnitt eingegangen. Der zunehmend dichter werdende Straßenverkehr beeinflusst ebenfalls die Arbeiten des Gasspürers. Gasleitungen im Bereich viel befahrener Straßen lassen sich am besten in den verkehrsärmeren Morgen- oder Abendstunden prüfen. Oft ist auch der Einsatz von zusätzlichem Sicherungspersonal erforderlich. Ein Fahrzeug mit eingeschaltetem Warnblinklicht und aktivierter Rundumleuchte sichert in diesem Fall den Gasspürer nach hinten zum heranfahrenden Straßenverkehr ab.

Abgase

Industrieabgase werden bei entsprechender Windrichtung und Windstärke in den Erfassungsbereich der Gasspürsonde transportiert. Dies kann zu Fehlbeurteilungen der Anzeige am Gasspürgerät führen. Ebenfalls werden unverbrannte Kohlenwasserstoffe aus den Abgasanlagen von Kraftfahrzeugen zur Anzeige gebracht. Dies führt zu einer kurzen und schnellen Anzeige am Gasspürgerät. Die Grundbedingungen der Sensor-Eigenschaften (FID vs. Halbleiter) sind jedoch zu berücksichtigen.

Neigung der Leitungen

Wird die Überprüfung der Gasleitung talwärts durchgeführt, wird die Anzeige des ausgetretenen Gases einer Leckstelle oberhalb der Undichtigkeit erfolgen. Empfehlenswert ist die Überprüfung bergwärts zur Ermittlung des frühesten Gasaustrittspunktes an der Oberfläche. Auch bei der Lokalisation ist das schräg aufsteigende Verhalten des Erdgases im Boden zu beachten.

Bebauungsdichte

Die nachstehend aufgeführten Punkte wirken sich alle auf die erzielbare Tagesleistung des Gasspürers aus:

- Anzahl und Zugänglichkeit der Anschlüsse,
- echte Längen der Anschlussleitungen (lassen den tatsächlichen Aufwand für die Gasrohrnetzüberprüfung besser kalkulieren)
- historischer Kernbereich mit schlecht befahrbaren Straßen,
- Industriebebauung oder Wohnbebauung.

Wind

Ein starker Wind wirkt störend bei der Überprüfung im Bereich unbefestigter Oberflächen (z. B. Überprüfung von HD-Leitungen außerhalb der Bebauung). Die Überprüfung ist bei zu großer Beeinflussung in Bereiche mit befestigter Oberfläche zu verlagern. Die Teppichsonde mit ihrer direkten Auflage auf der Oberfläche ist besser geeignet. Auf das allseitige Aufliegen des Teppichs ist zu achten, da sonst der Wind in die Sonde eindringt und die Anzeige verfälscht.

Bodenklima

Temperaturen von kleiner 5 °C führen zu einer intensiven Bindung des grob strukturierten Methan-Moleküls besonders im feinkörnigen Sandboden. Die Ermittlung der höchsten Gaskonzentration in den Sondenlöchern zur Festlegung der Schadenstelle wird deutlich schwieriger. Zudem wird Bakterien langfristiger die Möglichkeit zur Umsetzung des Methans in Kohlenstoffdioxid gegeben.

Um die o. g. Störfaktoren nach Möglichkeit auszuschließen, wird die Gasrohrnetzüberprüfung in zwei Arbeitsgänge unterteilt.

- Anwendungsfall: Oberirdische Prüfung
  - Erkennen eines Gasaustritts,
  - Ausbreitungsbereich grob feststellen,
  - Hinweisskizze fertigen.
- Anwendungsfall: Prüfung der Bodenluft
  - Punkt mit der höchsten Gaskonzentration lokalisieren,
  - Befundgrenze feststellen,
  - Klassifizieren,
  - Schadenskizze anfertigen.

Bei großflächigen Gasausbreitungen ist die Bodenluft abzusaugen.

Hohlraum

Hohlräume sind unternehmensspezifisch entsprechend den örtlichen Verhältnissen und Besonderheiten zu definieren.

Unterschiede gibt es hinsichtlich des Gefahrenpotentials, den ein Hohlraum bei einer Gasansammlung darstellt. Es macht sicherlich einen Unterschied, ob es sich um einen Baumschutzbügel handelt oder aber um eine Straßenlaterne, die stromversorgt ist.

Im DVGW-Merkblatt G 465-3 ist festgelegt, dass Straßenkappen nicht als Hohlraum gelten. Dies ist wichtig für die Klassifikation von Leckstellen.

3.3.5.6 Oberirdische Prüfung

Für die Überprüfung des Leitungsnetzes stehen dem Netzbetreiber verschiedene Möglichkeiten zur Verfügung. So sind nunmehr auch fahrzeuggestützte Systeme zugelassen.

Abhängig von seinen Erfahrungen sowie den Netzbedingungen muss er entscheiden, welche Messsysteme er einsetzt. Diese müssen dem DVGW-Merkblatt G 465-4 entsprechen.

Auswahl des geeigneten Sondensystems

Zu Beginn steht die Auswahl des geeigneten Sondensystems. Sie ist mitentscheidend für den erfolgreichen Verlauf einer Gasrohrnetzüberprüfung.

Bei der oberirdischen Überprüfung ist unter Beachtung des Trassenverlaufes möglichst nahe der Gasleitung zu prüfen. Dabei ist darauf zu achten, dass die Teppichsonde immer aufliegt und zudem auf den Fugen der Oberfläche geführt wird.

Beim Befahren der Leitungstrasse mit einem fahrzeuggestützten Messsystem ist darauf zu achten, dass oberhalb des Leitungsverlaufes gefahren wird.

Teppichsonde

Bei befestigten Oberflächen ist immer die Teppichsonde einzusetzen. Eine Neoprenmatte mit Ansaugdom liegt sehr dicht auf der Oberfläche auf. Das Ansaugen von störender Seitenluft und auch die Einwirkung von starkem Wind werden zu einem großen Teil verhindert. Die Ansaugpumpe des Detektors fördert fortwährend die Gasprobe aus dem Ansaugdom in die Sensorkammer. Ein weiterer Vorteil ist die auf befestigten Oberflächen höhere Tagesleistung.

Glockensonde

Die Glockensonde wird nur auf unbefestigten Oberflächen eingesetzt. Sie eignet sich besonders zur Überprüfung von Leitungen in bewachsenen Trassenbereichen. Dort ist die geringere Auflagefläche im Vergleich zur Teppichsonde von Vorteil. Die Glockensonde kann ebenfalls zur Überprüfung von Riechkappen und zur Hausanschlusskontrolle eingesetzt werden.

Prüfgeschwindigkeit

Das richtige Prüftempo ist schon immer sehr lebhaft diskutiert worden. Im DVGW-Arbeitsblatt G 465-1 ist eine eindeutige Festlegung der Prüfgeschwindigkeit festgeschrieben: Die Überprüfung hat nicht schneller als mit Schrittgeschwindigkeit (langsames Fußgängertempo) zu erfolgen.

Rein rechnerisch ergibt sich daraus – bei einer angenommenen Prüfgeschwindigkeit von durchschnittlich 3,5 km pro Stunde – eine erzielbare Leistung von weit über 20 km je Arbeitstag (8 Stunden). Diese Leistung lässt sich selbst unter den theoretisch besten angenommenen Bedingungen nur dann erzielen, wenn z. B. nur gerade Stücke und keine Anschlussleitungen zu überprüfen sowie keinerlei Rohrschäden zu verzeichnen sind, es nicht regnet und der Gasspürer nicht umsetzen muss. Die Pläne sind von hervorragender Qualität, der Lotse ist in höchstem Maße orts- und netzkundig. Es herrscht kein Verkehr und die Oberflächen lassen das Gas bestens diffundieren.

Die Praxis sieht jedoch anders aus. Über das Jahr betrachtet sind es gerade die vorgenannten Punkte, die einen großen Einfluss auf die Gasrohrnetzüberprüfung nehmen und damit einhergehend die Tagesleistung auf einen Jahresmittelwert von ca. 7 km pro Tag (8 Stunden) reduzieren.

Zwischen der Anzeigeempfindlichkeit, Überprüfgeschwindigkeit und Ansaugleistung der Gerätepumpe besteht eine ausgewogene enge Beziehung – ein Gleichgewicht. Wenn dieses Gleichgewicht gestört wird, weil z. B. zu schnell gelaufen wird oder die Anzeigeempfindlichkeit des Gasspürgerätes nicht ausreicht, so ist eine fach- und sachgerechte Rohrnetzprüfung nicht möglich.

Oberirdische Prüfung

In die Überprüfung sind alle Fremdeinbauten wie Hydranten, Straßenkappen, Schachtabdeckungen, Laternenmasten u. ä. einzubeziehen.

Auch Risse in der Oberfläche und „Flicken" aus früheren Aufgrabungen bieten dem Gas leichte Möglichkeiten an die Oberfläche zu diffundieren.

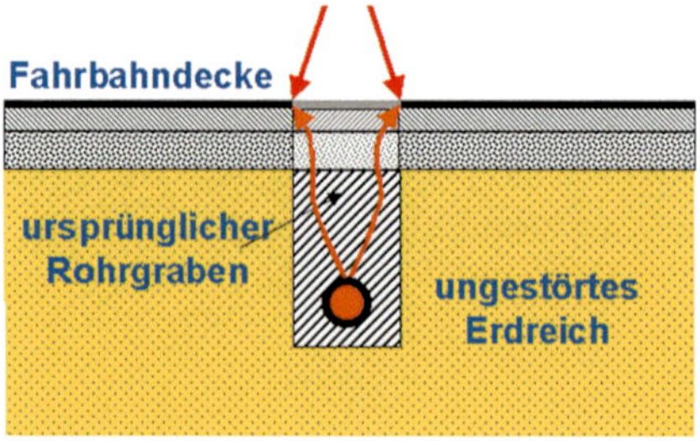

Bild 3.24: Gasaustrittstellen an alten Aufbrüchen

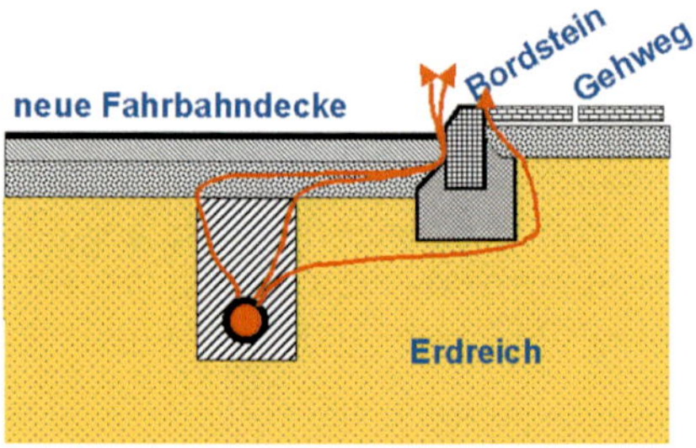

Bild 3.25: Gasaustritt im Bordsteinbereich

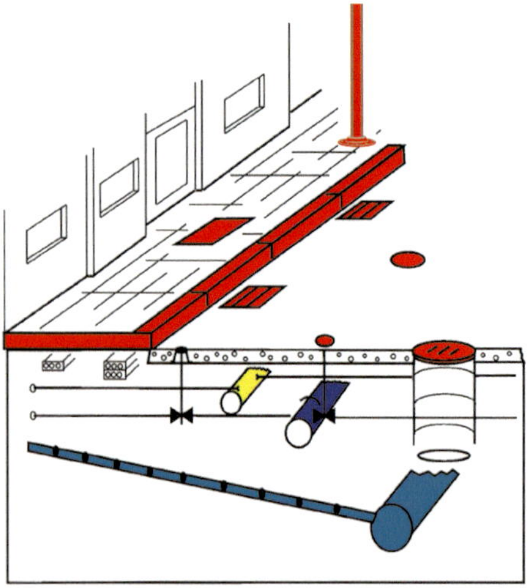

Bild 3.26: Überprüfung von Straßeneinbauten

Gasaustrittsstellen an alten Aufbrüchen

Bei relativ gasdichten Oberflächen, wie sie im Straßenbereich häufiger anzutreffen sind, erfolgt die Überprüfung im Rinnstein. Dort ist die nächste freie Fuge verfügbar und das Gas kann leichter nach oben dringen (**Bild 3.24**).

Heute sind diese Bereiche oft versiegelt, damit das Schmutzwasser ausschließlich in den Bodeneinlauf gelangt und nicht im Boden versickert. Die Überprüfung ist dann oberhalb des Bordsteins durchzuführen (**Bild 3.25**). Die Überprüfung am Fugenbereich oberhalb des Bordsteins ist auch aufgrund der besseren Bodendurchlässigkeit vorteilhafter als im Rinnsteinbereich (höhere Packlage, kompakterer Unterbau).

Ein weiterer wesentlicher Faktor bei der Lecksuche an Gasleitungen, die im Straßenbereich verlegt sind, ist die Überprüfung der Armaturenkappen (**Bild 3.26**). Hier lässt sich eine Gasansammlung als erstes nachweisen.

Überprüfung der Anschlussleitungen

Eine wirksame und lückenlose Überprüfung ist nur möglich, wenn die Lage markiert oder aus den Plänen ersichtlich ist. Das Anbringen einer gelben Plakette zur Kennzeichnung der Mauereinführung ist eine typische Winterarbeit. Durch diese Kennzeichnung wird die Gasrohrnetzüberprüfung erleichtert. Die Netzanschlüsse sind eine der Schwachstellen im Rohrnetz (**Bild 3.27**). Ursache sind nicht nur Mauerdurchführungen, die nicht gasdicht sind. Auch die Vielzahl der Verbindungsstellen auf dem vergleichbar kurzen Stück der Zuleitungen bergen ein erhöhtes Risiko an möglichen Undichtigkeiten in sich. Diesem Umstand Rechnung tragend ist auch im Regelwerk die Überprüfung der Anschlussleitungen ein wesentlicher Bestandteil des Gesamtumfanges. Es ist eine Mindestverweilzeit von 5 Sekunden im Bereich der Einführung zu gewährleisten.

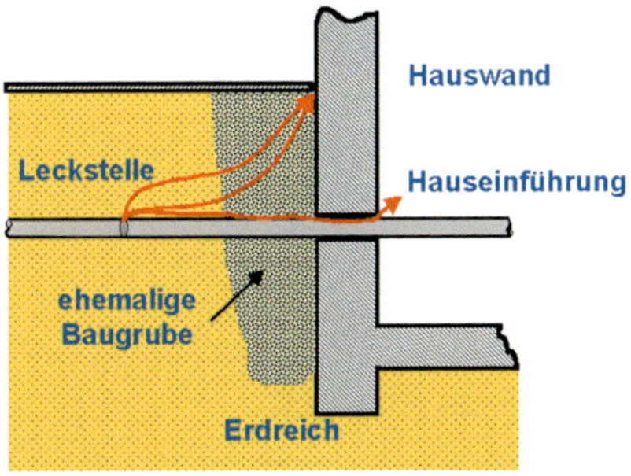

Bild 3.27: Gasaustritt am Hausanschluss

Gasaustrittsstellen am Netzanschluss

Die Sicherheit kann durch die Kontrolle von Gebäudeöffnungen noch weiter erhöht werden. Diese Arbeiten können in den Ablauf der Gasrohrnetzüberprüfung integriert werden, ohne dass ein Mehraufwand für die Gasrohrnetzüberprüfung entsteht. Die Gasspürsonde wird hierzu an „Gasabzüge" wie Kellerfenster oder Fensterschächte gehalten. Werden Gasspuren im ppm- Bereich festgestellt, so ist im Gebäude nach der Ursache zu suchen. Diese Vorgehensweise ist mit dem Gasversorgungsunternehmen abzustimmen.

Die Netzanschlussleitungen sind jedoch nicht immer überprüfbar. Mögliche Ursachen hierfür sind:

- Verschlossene Gartentore und die Hausbewohner sind nicht erreichbar.
- Dem Lotsen ist der Anschluss nicht bekannt.
- Der Netzanschluss ist nicht im Plan vermerkt.
- Der Lotse hat nicht die wesentlichen Detailkenntnisse.
- Die Überprüfung wurde vergessen oder versehentlich ausgelassen.

Damit die nicht begehbaren und nicht geprüften Hausanschlüsse unter Beobachtung bleiben, werden sie vom Gasspürer aufgelistet oder im Plan markiert. Diese Nachkontrolle erfordert einen durch den Gasspürer zu erbringenden Mehraufwand, der auch abgerechnet wird. Um nicht noch ein weiteres Mal vor der verschlossenen Gartenpforte zu stehen, können Benachrichtigungskarten mit der Telefonnummer des Gasspürers zur Terminvereinbarung in den Briefkasten gesteckt werden. Auch dies bedeutet Mehraufwand für den Gasspürer, was selten berücksichtigt wird. Nur mit dieser Arbeitsablaufgestaltung ist die vollständige Überprüfung aller Anschlussleitungen im Gasrohrnetz zu gewährleisten.

Oberirdische Überprüfung mittels Gasferndetektion

Ein großes Problem bei der oberirdischen Überprüfung sind schwer zugängliche Leitungsabschnitte und verschlossene Grundstücke, die eine Überprüfung der entsprechenden Leitungsabschnitte unmöglich machen. Abhilfe können hier handgeführte

Gasferndetektionsverfahren schaffen. Die Anforderungen sind im DVGW-Merkblatt G 465-4, Anhang B beschrieben.

Wichtig ist jedoch der Hinweis, dass diese Verfahren bis zum Nachweis der Gleichwertigkeit nicht die planmäßige oberirdische Prüfung ersetzen.

Der Einsatz von luftgestützten Gasferndetektionsverfahren (z. B. Charm) ist im DVGW-Arbeitsblatt G 501 geregelt.

Prüfung der Bodenluft

Gemäß G 465-3 ist allen festgestellten Hinweisen auf Leckstellen durch Prüfung der Bodenluft nachzugehen.

Eine punktgenaue Lokalisation mit dem Gasspürgerät und einer Teppichsonde ist unmöglich, auch wenn dies vereinzelt propagiert wird. Der Messbereichsumfang des Gerätes ist für diese Aufgabe nicht geeignet. Mit diesem System lässt sich einzig der Umfang der Gasausbreitung feststellen. Lokalisiert werden kann nur durch Einbringen von Sondenlöchern im Boden und anschließendes Ausmessen der höchsten Gaskonzentration. Es ist ein Gaskonzentrationsmessgerät mit einem Messbereich bis 100 Vol. % einzusetzen.

Die Überprüfung der Bodenluft erfolgt über Sondenlöcher, die über die Grenze der Gasausbreitung hinaus in den Boden einzubringen sind, bis die Nullanzeige erreicht wird. Die Sondenlöcher werden manuell (mit Schlagkolbensonden) oder mechanisch (Bohrer, Druckluftwerkzeuge) hergestellt (**Bild 3.28**).

In der Vergangenheit wurden unterschiedliche Werkzeuge für das Erstellen von Sondenlöchern in Asphalt oder Betondecken genutzt. Durch den Einsatz elektrischer Bohrmaschinen ist nur noch ein Werkzeug im Einsatz, mit dem auch im Winter gearbeitet werden kann. Dies funktioniert auch bei Frost – ohne Abplatzungen im Feinbitumen zu verursachen.

Die Sondenlöcher dürfen maximal 30 cm tief im Boden eingebracht werden. Die Begrenzung der Tiefe soll Schäden an Kabeln und anderen Medienleitungen verhindern. Auch wenn dieser Grenzwert berücksichtigt wird, kann es durch die äußerst geringe Verlegetiefe bei z. B. Kommunikationskabeln innerhalb der Bohrtiefe von 30 cm zu Schäden kommen.

Manchmal erfordert es auch die örtliche Situation, die Sondenlöcher beim Eingrenzen zur Verbesserung der Lokalisation tiefer schlagen zu müssen. Nun ist der Gasspürer aufgefordert, Informationen über andere Medienleitungen und deren Verlegetiefe einzuholen. Im Zweifelsfall ist ein Leitungsortungsgerät einzusetzen. Erst wenn er sich ein Bild über die Leitungssituation verschafft hat, kann er beginnen, die Sondenlöcher tiefer zu bohren. Zum Lokalisieren wird eine spezielle und robuste Sonde eingesetzt, die das Ansaugen der Probe aus dem Sondenloch ermöglicht. Der geformte Gummikonus dichtet das Sondenloch zur Umgebungsatmosphäre ab (**Bild 3.29**). Damit wird ein Ansaugen von Nebenluft und Verdünnen der Messprobe verhindert.

Bild 3.28: Sondenlöcher bohren

Bild 3.29: Messen der Gaskonzentration

Zudem soll die Probe möglichst aus den tiefen Bereichen des Sondenloches angesaugt werden. Es ist auf die Länge der Sondenspitze zu achten. Diese ist möglichst auswechselbar zu gestalten.

Zum Eingrenzen der Schadenstelle, der Lokalisation, wird ein Gaskonzentrationsmessgerät gemäß G 465-4 mit einer Anzeige bis 100 Vol. % eingesetzt. Die Messwertanzeige lässt auch die Darstellung kleiner Unterschiede der Konzentration zu. Das Sondenloch mit der höchsten Gaskonzentration wird im Leckstellenhinweis aufgeführt.

Absaugen von großflächigen Gasausbreitungen

Die Erfahrung zeigt, dass dies in einigen Fällen jedoch nicht möglich ist. Ursache hierfür ist z. B. eine große Gasausbreitung („verseuchte" Straßenkreuzung). In anderen Fällen wird durch die Langzeitanreicherung in einigen Sondenlöchern der fast gleiche Messwert ermittelt.

Die genaue Angabe der Schadenstelle ist nicht möglich. Auch das Ausdunsten solcher Stellen über mehrere Stunden oder Tage führt nicht zum gewünschten Erfolg. Zwar ist die Gaskonzentration in den Sondenlöchern geringer geworden, jedoch lässt sich eine Spitze immer noch nicht erkennen. Eine Verbesserung lässt sich durch das Absaugen (**Bild 3.30**) des angesammelten Gases erzielen. Heute wird ein Absaugrohr in

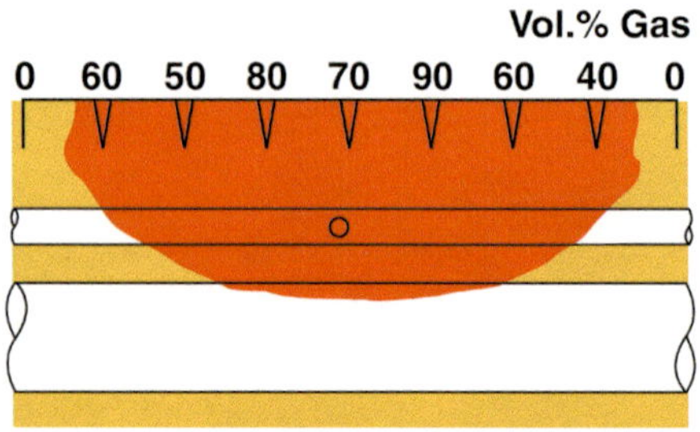

Bild 3.30: Gasausbreitung vor dem Absaugen

Bild 3.31: Absaugen und Prüfung der Bodenluft

Verbindung mit einem elektrischen und explosionsgeschützten Saugaggregat eingesetzt.

Beim Umsetzen sollte der Injektor kontinuierlich von Sondenloch zu Sondenloch umgesetzt werden. Beginnend an einer Seite der Gasausbreitung sollte je Sondenloch zunächst einmal ca. 3 Minuten gesaugt werden. Zeigt sich beim Nachmessen, dass die Gaskonzentration noch nicht reduziert wurde, z. B. wegen unterschiedlicher Bodenbeschaffenheit, muss die Absaugzeit erhöht werden.

Abgesaugt wird so lange, bis in allen Sondenlöchern ein Messwert von annähernd 0 Vol. % angezeigt wird (**Bild 3.31**). Dann wird das Nachwachsen – die erneute Anreicherung mit Gas – in den Sondenlöchern abgewartet (**Bild 3.32**). Zwischenzeitlich wird immer wieder gemessen (**Bild 3.33**).

Die ersten Anzeigen sind im Bereich der Schadenstelle zu erwarten. Die sich nun ergebende Spitzenanzeige kennzeichnet die Schadenstelle. Dieses Sondenloch wird mit seinem zuerst gemessenen Gaskonzentrationswert im Leckstellenhinweis angegeben.

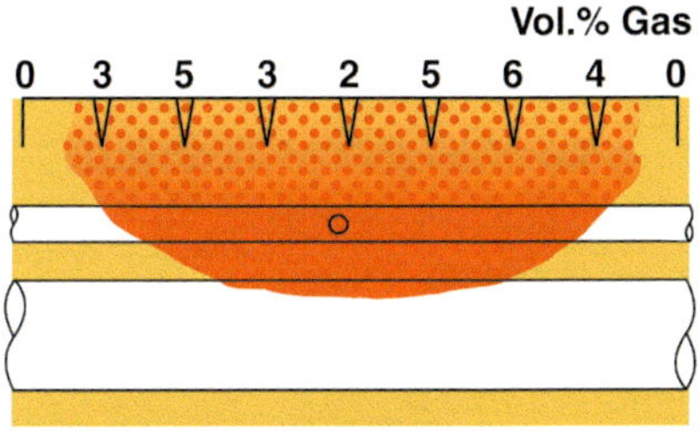

Bild 3.32: Gasausbreitung nach dem Absaugen

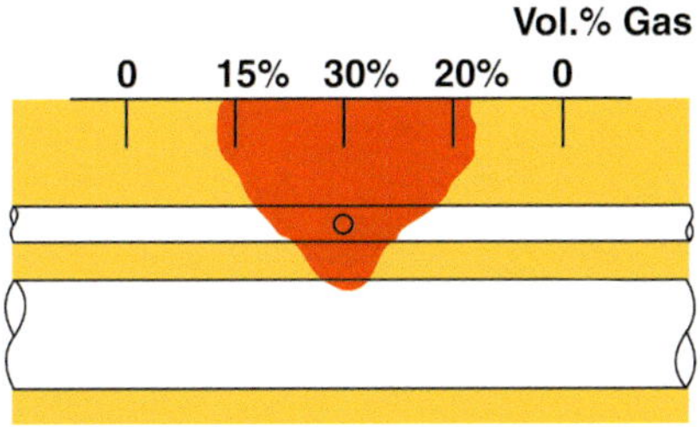

Bild 3.33: Neuanreicherung des Brenngases

Zur Einschätzung des Schadens sollten auf der Schadenskizze die Messwerte von vor und nach dem Absaugen eingetragen werden (einen Messwert in Klammern setzen).

Sollte es dennoch einmal zu einer Fehlaufgrabung kommen, gilt es Folgendes zu beachten:

- Für die Nachkontrolle sollte die Aufgrabung nicht sofort wieder verfüllt werden.
- Das Rohr muss rundherum freigelegt werden und die gesamte Umhüllung muss entfernt werden.
- Seitlich, über und unter dem Rohr Sondenlöcher einbringen. Achtung, auch dort können Kabel und Stromleitungen verlaufen!
- Sollten sich in der Aufgrabung gasführende Kabelkanäle o.ä. befinden, so sind auch diese zu unterbrechen.

3.3.6 Klassifikation von Leckstellen

Gemäß G 465-3 ist allen festgestellten Hinweisen auf Leckstellen durch Prüfung der Bodenluft nachzugehen und die festgestellten Leckstellen hinsichtlich ihres Gefahrenpotentials zu klassifizieren. Als Folge dieser Klassifizierung ergeben sich Entscheidungshilfen über die Art und Reihenfolge der Schadenbeseitigung. Ferner sind entsprechend der durchgeführten Klassifikation Maßnahmen einzuleiten, aufgrund derer die Abwehr eventueller Gefährdungen sowie die Reparatur oder Erneuerung durchgeführt werden.

Die Einstufung der Leckstellen erfolgt in die Klassen A I, A II, B und C. Die Klassifikation der Leckstelle wird durch den Abstand des Befundbereiches zu einem Bauwerk/Hohlraum bestimmt:

- C: über 4 m
- B: 1 bis 4 m
- A II: 0 bis 1 m
- A I: Von einer Leckstelle eindringendes Brenngas, Messwert ≥ 10 ppm.

Tabelle 3.7: Überprüfungszeiträume auf Leckstellen in Jahren innerhalb bebauter Gebiete

Leck-klasse	Befund[1])	Maßnahmen	Zeitplan der Maßnahmen	
			Außerplanmäßige Überprüfungen (wiederkehrend)	Beginn der Reparatur bzw. Erneuerung[3])
A I	Befund im Bauwerk/Hohlraum von Brenngas	Sicherungsmaßnahmen treffen, unverzügliche Beseitigung der Gefahr	nach Bedarf bis zur Beseitigung	unverzüglich
A II	Befund von Brenngas in 1 Meter Nähe eines Bauwerks/ Hohlraumes	Gasfreiheit Gebäude/ Hohlraum nachweisen Sicherungsmaßnahmen treffen, Reparatur einleiten	täglich bis wöchentlich und im Winter besondere Fristen festlegen[2])	innerhalb 1 Woche
B	Befund 1 bis 4 Meter Entfernung von Brenngas zu einem Bauwerk/ Hohlraum	Gasfreiheit in 1 Meter Abstand zu Gebäude/ Hohlraum nachweisen, in Reparatur- oder Erneuerungsplan aufnehmen	zweimonatlich und im Winter besondere Fristen festlegen[2])	vor dem Winter bzw. nach Erneuerungsplan
C	Befund mehr als 4 Meter Entfernung von Brenngas zu einem Bauwerk/ Hohlraum, lässt ein Einströmen von Gas in Bauwerke/ Hohlräume nicht erwarten	in Reparatur- oder Erneuerungsplan aufnehmen	nach Bedarf und im Winter besondere Fristen festlegen[2])	nach Bedarf bzw. nach Erneuerungsplan

[1]) Bei Befund in Hohlräumen sind bei der Festlegung der Leckklasse die konkreten örtlichen Bedingungen wie – Nähe zum Gebäude, Gasausbreitung, Gaskonzentration usw. zu beachten.

[2]) Außerplanmäßige Überprüfung im Winter; nach möglicher Gefährdung täglich bis 14-tägig Fristen festlegen

[3]) Nach Beseitigung der Leckstelle ist eine Überprüfung nach G 465-1 erforderlich.

Hierzu ist die Gasfreiheit durch Prüfung der Bodenluft festzustellen. Dafür ist ein Gaskonzentrationsmessgerät mit einer Mindestempfindlichkeit von < 0,1 Vol.-% Brenngas zu verwenden.

Misst man im Sondenloch mehr als 0,1 Vol.-% Brenngas oder mehr, wird der Abstand zum Gebäude/Hohlraum entsprechend der Leckklasse verringert.

Der Befundbereich, der den geringsten Abstand zum Bauwerk/Hohlraum hat, bestimmt die Klassifikation der Leckstelle. Wirtschaftlich ist die folgende Vorgehensweise:

- Ausgehend von der Leckstelle bohrt man das erste Sondenloch in 4 m Abstand zum Bauwerk bzw. Hohlraum.

- Stellt man Gasfreiheit fest, handelt es sich um eine C-Stelle.
- Bei Gasbefund bohrt man die nächsten Löcher im Abstand von 1 m zum Bauwerk/Hohlraum.
- Stellt man Gasfreiheit fest, handelt es sich um eine B-Stelle. Bei Gasbefund bohrt man das nächste Loch direkt vor dem Haus bzw. Hohlraum.
- Stellt man Gasfreiheit fest, handelt es sich um eine A II-Stelle.
- Bei Gasbefund ist das Bauwerk/der Hohlraum hinsichtlich der Gasfreiheit zu überprüfen.
- Bei Gasbefund im Bauwerk, mit einer gemessenen Gaskonzentration von mehr als 10 ppm Brenngas, verursacht durch eine Leckstelle an einer erdverlegten Leitung/Netzanschlussleitung einschließlich Hauptabsperreinrichtung (HAE), ist die Leckstelle als A I zu klassifizieren.

Straßenkappen gelten nicht als Hohlraum im Sinne dieses Merkblattes.

Entsprechend der Klassifikation sind Maßnahmen einzuleiten, die die Abwehr einer möglichen Gefährdung so wie der Reparatur oder Erneuerung beinhalten.

In Hohlräumen sind bei der Festlegung der Leckklasse die konkreten örtlichen Bedingungen wie Nähe zur Bebauung, Schleichwege, Gasausbreitung, Gaskonzentration usw. zu beachten.

Zur Klassifikation von Leckstellen in Hohlräumen sind unternehmensspezifische Festlegungen abweichend zur Leckklasse A I zulässig. **Tabelle 3.7** gibt einen Überblick über die Leckklassen und die ihnen zugeordneten Maßnahmen.

3.3.7 Sonderüberprüfungen

3.3.7.1 Tracergas

Wer hat noch nicht erlebt, dass eine neue Gasleitung die Druckprobe nicht besteht und die Undichtheit gesucht werden muss.

Für diesen Anwendungsfall gibt es seit mehr als 30 Jahren das Tracergas-Verfahren (auch Formiergas-Verfahren genannt). Hierbei wird eine Gasmischung bestehend aus 95 Vol.-% Stickstoff (N_2) und 5 Vol.-% Wasserstoff (H_2) in die Leitung eingebracht. Dieses Gas ist nicht explosiv, nicht brennbar und ungiftig. Es ist handelsüblich bei allen großen Gaslieferanten erhältlich. Dieselbe Möglichkeit bietet sich bei neuen Anlagen oder Anlagen nach einer Instandsetzung.

Mit wasserstoffhaltigem Stickstoff können die fraglichen Gasanlagen entweder durch Prüfung der äußeren Dichtheit oder bei erdverlegten Gasleitungen mittels einer „oberirdischen Überprüfung" sicher auf Undichtheiten untersucht werden.

3.3.7.2 Flüssiggas

Die Gasversorgungsunternehmen betreiben Ortsnetze mit Propan/Butan-Gemischen in Bereichen, die zum Zeitpunkt der Erstellung noch keine Erdgasanbindung haben bzw. diese nur mit sehr großem Aufwand herzustellen ist. Aber auch diese Ortsnetze mit einer Zwischenversorgung mit Propan/Butan müssen nach den gleichen Kriterien der G 465-1 geprüft werden wie Erdgasnetze.

Da Propan/Butan im Dichteverhältnis zu Luft „schwerer" ist, kann die in Erdgasnetzen eingesetzte Methode der oberirdischen Überprüfung nicht genutzt werden.

Ähnlich wie bei der Überprüfung von undichten neuen Gasanlagen mit Tracergas können erdverlegte Flüssiggasleitungen jedoch auch oberirdisch geprüft werden.

In das Propan/Butan-Ortsnetz wird Wasserstoff über einen Mischer und einen speziell vorbereiteten Anschluss im Dom des Tanks beigemengt (**Bild 3.34**). Die Konzentration beträgt maximal 5 Vol.-% Wasserstoff.

Dadurch können die erdverlegten Flüssiggasleitungen überprüft werden, ohne dass eine Vielzahl von Sondenlöchern niedergebracht werden müssen oder gar die ganze Anlage außer Betrieb gehen muss. Der für die Überprüfung zugemischte Wasserstoff stört den Betrieb der Gasverbrauchsanlagen nicht.

Das aus einer Undichtheit ausströmende Flüssiggas/Wasserstoff-Gemisch verteilt sich an der Ausströmstelle so, dass der sehr leichte Wasserstoff mit Anteilen an Flüssiggas an die Erdoberfläche gelangt und dort sehr gut mit einem wasserstoffempfindlichen Halbleiter oberirdisch erfasst werden kann.

Aus der Tracergas-Anwendung wird ein Messsystem mit einem für Wasserstoff empfindlichen Sensor eingesetzt.

Dies hat den Vorteil, dass die brenntechnischen Eigenschaften der Gasverbraucher nicht oder vernachlässigbar beeinflusst werden (Untersuchung H.-J. Tröger). Die gesamte Versorgung bleibt aufrechterhalten. An den Endpunkten des Gasnetzes ist nach einer Wartezeit Wasserstoff nachzuweisen.

Der Zeitaufwand für die Inspektion ist geringer als in der Vergangenheit. Der Versorger hat den einmaligen Aufwand für die Vorbereitung jeder Tankanlage zu tragen, die installierten Anschlüsse können im Dom verbleiben. Der erforderliche Wasserstoff kann vom Dienstleister geliefert werden.

Zu empfehlen ist der Beginn der Beimischung am Abend vor dem ersten Tag der Inspektion. Wasserstoff ist dann mit der größten Wahrscheinlichkeit auch bei schwierigen Bodenverhältnissen an der Erdoberfläche nachweisbar.

Bild 3.34: Flüssiggas-Wasserstoffmischer

3.3.7.3 Biogas

Die Überprüfung von Rohbiogasleitungen ist nicht Bestandteil des DVGW-Arbeitsblattes G 465-1 und somit auch nicht dieses Buches. Im Anwendungsbereich der G 465-1 findet sich der Hinweis darauf, wie zu verfahren ist.

Für die Überprüfung von Leitungen für Gase, die nicht den Bestimmungen des DVGW-Arbeitsblattes G 260 entsprechen, kann diese Regel unter Beachtung der spezifischen Eigenschaft der Gase und gegebenenfalls bestehender anderer Bedingungen sinngemäß angewendet werden.

3.3.8 Überprüfung freiverlegter Leitungen/Brückenleitungen

Wie auch die erdverlegten Leitungen müssen freiverlegte Leitungen (z. B. Leitungen auf Rohrbrücken) und Leitungen an Brücken gemäß den DVGW-Regelwerken G 465-1 und G 466-1 planmäßig überprüft werden. Hierzu gibt die **Tabelle 3.8** aus der G 465-1 einen Überblick über die Überprüfungszeiträume bis 16 bar. Freiverlegte Leitungen und Leitungen an Brücken mit einem Betriebsdruck von > 16 bar gelten gemäß dem Arbeitsblatt G 466-1 als betriebswichtige Punkte und sind somit viertel- bzw. halbjährlich einer Inspektion bzw. Wartung zu unterziehen. Unabhängig von den Aussagen im DVGW-Regelwerk müssen Gasleitungen, die der Richtlinie für Leitungen an Brücken (RI-LEI-BRÜ) unterliegen, also z. B. Leitungen an Autobahnbrücken, jährlich überprüft werden.

Bei der Betrachtung der Leitungen geht es jedoch nicht nur um die Überprüfung auf Leckstellen sondern vielmehr auch, im Rahmen der erweiterten Zustandsüberprüfung, um die Beurteilung

- des Zustandes der Lager bzw. der Rohrbefestigungen,
- des Zustandes im Auflagerbereich,
- des Zustandes des Übergangs von erdverlegten zu freiverlegten Leitungsbereichen bezüglich des mechanischen Schutzes gegen äußere Einwirkungen,
- der Kennzeichnung der Gasleitungen,
- des Zustandes des Oberflächenschutzes sowie
- des Zustandes von Flanschverbindungen bzw. Kompensatoren.

Tabelle 3.8: Überprüfungszeiträume freiverlegter Leitungen/ Brückenleitungen

bis 16 bar Betriebsdruck	Überprüfung auf Leckstellen	erweiterte Zustandsüberprüfung
< 5 bar	4	4
> 5 bar ≤ 16 bar	2[a]	2
[a] jährlich innerhalb der Bebauung und bei Leitungen in Brückenhohlkörpern		

Bild 3.35: Hilfsmittel Brückenuntersichtgerät

Da der Gasspürer, der die oberirdische Überprüfung erdverlegter Leitungen durchführt, in der Regel nicht die passenden Hilfsmittel mit sich führt, um die vorher genannten Überprüfungen durchzuführen, bedarf es einer umfangreichen Vorbereitung, bis eine freiverlegte Leitung oder eine Brückenleitung überprüft werden kann. So sind Absprachen z. B. mit der Stadt- und Kreisverwaltungen, der Deutsche Bahn AG oder Autobahnmeistereien erforderlich. Ebenfalls nicht zu unterschätzen ist die Auswahl der Hilfsmittel mit welchen die Leitungen zu erreichen sind.

Die Überprüfung auf Leckstellen kann somit entweder mit Hilfe des zum Einsatz kommenden Hilfsmittels direkt und „hautnah" an der Leitung mittels eines Gaskonzentrationsmessgerätes erfolgen, oder, sofern sinnvoll, auch mittels optischer Verfahren nach dem DVGW-Merkblatt G 465-4. Also mittels aktiver oder passiver Infrarot-Spektroskopie (siehe auch Kapitel 4).

Bei Leckstellen an freiverlegten Gasleitungen ist die Einordnung in eine Leckklasse entsprechend dem DVGW-Arbeitsblatt G 614-2 „Freiverlegte Gasleitungen auf Werksgeländen hinter der Übergabestelle" sinngemäß vorzunehmen (siehe auch Kapitel 6). Legt man das informative Klassifizierungs- und Bewertungsschema aus dem DVGW-Arbeitsblatt G 614-2, Anhang B zu Grunde, so ist das Kriterium für die jeweilige Leckklasse die gemessene Gaskonzentration in der Umgebung der Leckstelle. Dazu wird in einem Abstand von ca. 10 cm (umlaufend) mit einem Pumpenmessgerät die höchste festgestellte Konzentration zur Klassifizierung der Leckstelle nach L 1, L 2 und L 3 herangezogen (**Tabelle 3.9**).

Tabelle 3.9: Tabelle aus dem Anhang B der G 614-2

Leckklasse	Befund
L 1	≥ 5.000 ppm bzw. 0,5 Vol -% (Methan)
L 2	200 pm < 5.000 ppm bzw. 0,5 Vol -% (Methan)
L 3	10 ppm bis < 200 ppm (Methan)

Alle im Rahmen der Überprüfungsmaßnahmen vorgefundenen Leckstellen und Mängel sind als Dokumentation in einem umfangreichen (ca. 5-seitigen) Mängelprotokoll und Prüfbericht mit einer umfangreichen Fotodokumentation festzuhalten. In dem Bericht sollte eindeutig beschrieben sein, wie die ermittelten Mängel (bei deren Klassifikation kann ebenfalls das Modell aus DVGW-Arbeitsblatt G 614-2 – siehe Kapitel 6.7 – herangezogen werden) bzw. die ermittelten Fehlstellen behoben werden können. Dies gilt auch für unzureichende Leitungsbefestigungen, die keinen statischen Erfordernissen mehr genügen, oder Umhüllungen, die die speziellen Anforderungen an freiverlegte Leitungen nicht erfüllen. Nicht zuletzt sollten in den Überprüfungsberichten klare Hinweise auf die Notwendigkeit von Kompensatoren bei entsprechenden Leitungslängen gegeben werden. Aufgrund der Komplexibilität einer Überprüfung von freiverlegten Leitungen und Brückenleitungen reichen kurze eventuell nur zweiseitige Protokolle, aus Sicht des Autors, nicht aus.

3.3.9 Zusammenfassung des vermittelten Stoffes

Um Gasaustritte sicher auffinden zu können, ist es erforderlich, bei der oberirdischen Überprüfung sorgfältig, unter Einhaltung der technischen Regeln, vorzugehen.

Das Wissen über das Verhalten des ausströmenden Brenngases, die Einflussgrößen beim Weg des Gases an die Oberfläche und die Kenntnisse darüber, wie und mit welchen Technologien diese Überprüfung durchgeführt wird, sind letztlich entscheidend für die sichere und fachgerechte Rohrnetzüberprüfung.

Weitere Bausteine hierfür sind die Kenntnisse des Regelwerkes und die richtige Einschätzung von Risiken und Gefahren beim Klassifizieren von Leckstellen.

Exemplarische Fragen zur Selbstkontrolle

(1) Was versteht man unter dem Begriff Leckstellenhäufigkeit?

(2) Mit welchen Methoden werden erdverlegte Flüssiggasleitungen überprüft?

(3) Wie verändert sich die Gasausbreitung bei Regen?

(4) Ab welcher Gaskonzentration handelt es sich um einen Gasbefund im Bauwerk/Hohlraum?

(5) Wer entscheidet über den Einsatz fahrzeuggestützter oberirdischer Überprüfung?

(6) Bis zu welchem Betriebsdruck gilt das DVGW-Arbeitsblatt G 465-1?

(7) Wie ist der maximale Abstand der Sondenlöcher bei der Prüfung der Bodenluft?

(8) Welche Methoden der Streckenkontrolle gibt es?

(9) Wer ist verantwortlich für die Nachprüfung der Leckstellen nach erfolgter Reparatur?

(10) Ist bei Gasbefund in einer Straßenkappe die Leckstelle A I zu klassifizieren?

3.4 Dokumentation der durchgeführten Überprüfung

3.4.1 Allgemeines

Von der Wiege bis zur Bahre ... Formulare, Formulare ...

Es ist leider so, dass die Bürokratie und die Menge des Schriftverkehrs im heutigen Alltag immer weiter zunimmt bzw. erheblich zugenommen hat. Bei der Gasrohrnetzüberprüfung hat der Umfang für Dokumentationsarbeiten inzwischen ein erhebliches Ausmaß angenommen. Finanziell ist der Aufwand für die Dokumentation in der Regel in den einschlägigen Leistungsverzeichnissen nicht durch gesonderte Positionen berücksichtigt. Gleichwohl ist der Aufwand für Dokumentationsarbeiten nach Angaben erfahrener Rohrnetzüberprüfer in der Größenordnung von bis zu 15 % der täglichen Arbeitszeit anzusetzen und wird mit der Überprüfungsleistung abgerechnet.

Aber nicht nur der Umfang der Dokumentation hat zugenommen. Auch die Bedeutung einer ordnungsgemäßen Dokumentation hat inzwischen einen außerordentlich hohen Stellenwert. Eine einwandfreie Gasrohrnetzüberprüfung hat nur dann stattgefunden, wenn sie vollständig dokumentiert worden ist.

Bei einem Schadensfall wird in erster Linie die Aktenlage (d. h. alles, was schriftlich oder digital dokumentiert ist) geprüft und danach der Fall beurteilt. Daher sollten der Nachweis, der Umfang und die Plausibilität der Dokumentation einer durchgeführten Gasrohrnetzüberprüfungsmaßnahme klar und eindeutig sein.

Die wichtigsten Ziele und Inhalte einer ordnungsgemäßen Dokumentation sind nachfolgend dargestellt.

3.4.2 Interne Dokumentation z. B. Tagesbericht

Für die „interne" Dokumentation einer durchgeführten Überprüfung ist es empfehlenswert, dass der Gasspürer seine Tagesleistungen festhält. Somit kann auch noch im Nachhinein der Tag oder der Bereich analysiert werden, der genauer zu betrachten ist, um zu rekonstruieren, welche Tätigkeiten an einem bestimmten Tag und Ort ausgeführt worden sind. Diese Dokumentation kann als Tages- oder Wochenbericht erfolgen. Sofern Tagesberichte geführt werden, macht es keinen Sinn, dass diese erst am Wochen- oder sogar Monatsende ausgefüllt werden. Gemäß den Festlegungen muss der Bericht regelmäßig und pünktlich an die betreffende Stelle weitergegeben werden. Solange der Gasspürer die Berichte noch nicht übergeben hat, ist er natürlich auch für alle aufgeführten Besonderheiten selbst verantwortlich.

Auch für die Abrechnung der erbrachten Leistung dient der Tagesbericht als wertvolle Unterlage (**Bild 3.36**).

3.4.3 Schadenskizze

Bei der Schadenskizze ist auf ausführliche und eindeutige Angaben besonderer Wert zu legen. Die Skizze muss natürlich nicht maßstäblich sein, aber die Maßangaben müssen aussagefähig sein (**Bild 3.37**).

Tagesbericht Gasrohrnetz- Überprüfung

Mitarbeiter:	Lotse:	KFZ- Kennzeichen:	Datum:	lfd. Nr.:
....	....	....	....	....
Auftraggeber:	Betriebsstelle:		Einsatzort:	
....	....		....	

Witterungsverhältnisse: sonnig ☐ wechselhaft ☐ Regen ☐ Winterbedingungen ☐ Bodenfrost ☐

Empfindlichkeitstest und Funktionsprüfung: Oberirdische Überprüfung (mit Testgas 10 ppm CH_4)

Geräte- Nr.:	Durchgeführt und dokumentiert, Gerät einsatzbereit	Geräte- Nr.:	Durchgeführt und dokumentiert, Gerät einsatzbereit
....	ja ☐ nein ☐	....	ja ☐ nein ☐

Empfindlichkeitstest und Funktionsprüfung: Überprüfung Raumluft (mit Testgas 2,2 Vol % CH_4)

Geräte- Nr.:	Durchgeführt und dokumentiert, Gerät einsatzbereit
....	ja ☐ nein ☐

Transportleitung:			
Hochdruckleitung > 16 bar *ohne* HAL	Länge: ....m		Zeitaufwand für oberirdische Überprüfung
Mitteldruckleitung (MD) *ohne* HAL	Länge: ....m		
Versorgungsleitung:		**Hausanschlussleitung:**	
Hochdruckleitung (HD) *ohne/ mit* HAL	Länge: ....m	Länge: ....m; %; Stck.	
Mitteldruckleitung (MD) *ohne/ mit* HAL	Länge: ....m	Länge: ....m; %; Stck.	
Niederdruckleitung (ND) *ohne/ mit* HAL	Länge: ....m	Länge: ....m; %; Stck.	Gesamt: .... Std.
vorgeortete Leckstellen: .... Stck.			

Bodenluftprüfung:			
	lokalisierte Leckstellen:		
Erschwernisse: .... Std.	AI .... Stck.	AII .... Stck.	Zeitaufwand für Bodenluftprüfung
Bodenluftabsaugung: .... Std./Stck.	B .... Stck.	C .... Stck.	
Sicherungsmaßnahmen: .... Std.	Install. .... Stck.	ohne Kl. .... Stck.	
Klassifizierung: ....Std./Stck.			
Sonstige: .... Std.			
Straßenstopfen: .... Stck.			Gesamt: .... Std.

Sondereinsätze / Ausfallzeiten:		
Regiestunden:	Ausfallzeit durch Regen:	Ausfallzeit durch Reparatur:
Sondereinsatz: .... Std.	von: ....Uhr bis: ....Uhr ..... Std.	von: ....Uhr bis: ....Uhr ...... Std.
Fahrzeiten: .... Std.	von: ....Uhr bis: ....Uhr ..... Std.	von: ....Uhr bis: ....Uhr ...... Std.
Sonstige: .... Std.	von: ....Uhr bis: ....Uhr ..... Std.	von: ....Uhr bis: ....Uhr ...... Std.
Gesamt: ....Std.	Gesamt: ..... Std.	Gesamt: ...... Std.

Gesamte Arbeitszeit: von ....Uhr bis .... Uhr mit .... Mann ...... Std.

Bemerkungen:

für die Richtigkeit: 03/19

Bild 3.36: Tagesbericht

Schadenskizze

Leckklasse* :	o A I	o A II	o B	o C	

Ortskennzahl / Lfd. Nr. der Leckstelle je Ort: /

Ort : Straße / Nr. :
Meisterbereich / Servicegebiet:

Gehweg / Hauptstraße / Nebenstraße / Sonstiges : Lokalisiert am :
Gasspürer :
Oberfläche : Firma :

Absaugtechnik eingesetzt : o ja o nein
Ethannachweis/Analyse durchgeführt: o ja o nein Erdgas o ja o nein
Gaskonzentrationsmessgerät: Gerätenr.

Schadenskizze

Bemaßung, Geräteanzeigen und Bemerkungen
in Skizze eintragen!

Unterschrift des Gasspürers

Leck an:	o NDL	o MDL	o HDL	o HAL	
Materialart:	o G	o St	o PE	o PVC	

Baujahr ca.: Verlegetiefe: ca. m
Dimension: Betriebsdruck: mbar (bei HD in bar)
Abweichung des Lecks von der lokalisierten Stelle: ca. m
Ursache des Lecks:

Art der Leckbeseitigung:

Beseitigt von:
am: Nachprüfung der beseitigten Leckstelle am: .... Unterschrift Reparaturverantwortlicher
durch:
Befund: ..... ppm / Vol. % .... Prüfvermerk Betreiber
* Zutreffendes ankreuzen!

Bild 3.37: Schadenskizze

Ausführlich und aussagefähig bedeutet in diesem Zusammenhang auch, dass zusätzliche Angaben über durchgeführte Maßnahmen z. B. Überprüfung von Bauwerken/ Hohlräumen, Gebäudebegehungen mit Konzentrationsmessung entsprechend vermerkt werden. Auch Bereiche, die nicht überprüft wurden, sind darzustellen und zu vermerken.

Die Schadenskizzen müssen fortlaufend nummeriert werden, damit sichergestellt ist, dass jede Schadensmeldung erfasst wird. Bei mehreren Überprüfungsbezirken sollte die Nummernvergabe so organisiert werden, dass nachweislich alle Meldungen vollständig erfasst und registriert werden können.

Typische Fehler sind z. B.:

- Falsche Zuordnung des Hauses (Straßennummer Eckhaus),
- Negativ-Befund nicht dargestellt,
- Fehlende Darstellung des Gasspürers, dass er bei Leckstellen gemäß A I oder A II eine Hohlraum- bzw. Gebäudeüberprüfung durchgeführt hat.

3.4.4 Nicht überprüfte Leitungsabschnitte

Zur vollständigen Dokumentation gehören die Angabe der nicht überprüften Leitungsabschnitte und Hausanschlussleitungen.

In der Vorbesprechung ist festzulegen, wie oft ein Netzanschluss zwecks Überprüfung durch den Dienstleister angefahren wird, bis er dann zur weiteren Bearbeitung an den Netzbetreiber „zurückgegeben" wird, sowie wer diese Nachweisführung macht (Gasspürer des Dienstleisters oder Mitarbeiter des Netzbetreibers).

Auf einen wichtigen Punkt muss noch hingewiesen werden. Oft werden Freileitungen oder Leitungen an oder unter Brücken nicht überprüft, da im Rahmen der oberirdischen Überprüfung ein Zugang auf herkömmliche Weise nicht möglich ist. Zwar sind solche Tatsachen, dass eine Überprüfung nicht möglich ist, allgemein bekannt, aber zu einer vollständigen Dokumentation gehört die Angabe, welcher Leitungsabschnitt (von wo bis wo) nicht überprüft werden konnte.

Der Netzbetreiber muss dann für einen lückenlosen Nachweis sorgen, dass alle nicht überprüften Leitungsabschnitte anschließend „abgearbeitet" wurden.

3.4.5 Geprüfte Leitungsabschnitte

Je nach Vorgabe des Netzbetreibers zählen zu diesem Punkt der Dokumentation die Markierung der überprüften Leitungsabschnitte auf dem Planwerk inklusive Unterschriften bis hin zur lückenlosen Nachweisführung der überprüften Straßenzüge.

3.4.6 Mängel

Im Rahmen der oberirischen Überprüfung wird sehr häufig gewünscht, dass vorhandene Mängel wie Überbauungen, Überpflanzungen, fehlende HAL-Plaketten, aber auch fehlende Hinweisschilder mit aufgenommen werden. Auch hierfür ist in der Vorbesprechung festzulegen, wer diese Dokumentation führt.

3.4.7 Geräteprüfung

Die zum Einsatz kommenden Gasspür- und Gaskonzentrationsmessgeräte sind gemäß dem DVGW-Hinweis G 465-4 einer Funktionsprüfung zu unterziehen. Die Durchführung dieser Prüfungen ist vom Geräteanwender oder dem für die Prüfungen zuständigen Mitarbeiter in entsprechenden Formblättern (Vorschläge hierfür sind in den Bedienungsanleitungen der Gerätehersteller abgebildet) zu dokumentieren. Die alleinige

Dokumentation der Aufgabe von Testgas in den Gerätespeichern ist aus der Sicht des Autors nicht ausreichend.

3.4.8 Gasspürunternehmen

Für ein Gasrohrnetzüberprüfungsunternehmen sind in Bezug auf die Dokumentation noch einige zusätzliche Punkte von besonderer Wichtigkeit:

- Nachweis der jährlichen internen Schulungen gemäß DVGW-Arbeitsblatt G 468-1 einschließlich der relevanten DGVU-Regeln (Deutsche Gesetzliche Unfallversicherung),
- Nachweis der Qualitätskontrolle.

Im Rahmen von Baustellenaudits sind die geprüften Tätigkeiten zu dokumentieren. Der Auditor muss sich bei Baustellenkontrollen von der ordnungsgemäßen Arbeit und der Führung der Unterlagen stichprobenartig überzeugen und das auch protokollieren (dokumentieren).

3.4.9 Netzbetreiber

Auch der Netzbetreiber muss im Anschluss an die Überprüfungstätigkeiten weitere nachfolgende Aktivitäten dokumentieren, wie z. B.

- die Nachprüfung der beseitigten Leckstellen,
- die Nachprüfungen im Bauwerk (Haus),
- die Überprüfung der nicht überprüften Leitungsabschnitte und Netzanschlüsse ,
- die Überprüfung der nicht überprüften Freileitungen und Leitungen an Brücken,
- die Ermittlung der Leckstellenhäufigkeit der durchgeführten Überprüfung und
- die Auswertung der Überprüfungsergebnisse entsprechend des DVGW-Arbeitsblattes G 402.

3.4.10 Dokumentation im Rahmen der Nutzung von digitalem Planwerk

Wie bereits in Kapitel 3.2.3.6 ausführlich erläutert, kann ein Großteil der erforderlichen Dokumentationen und Auswertungen der Gasrohrnetzüberprüfung heute digital in der zum Einsatz kommenden Software erfolgen. Die Papierdokumentation kann somit fast vollständig ersetzt werden. Zu klären ist an dieser Stelle bereits im Vorfeld, wie die im Rahmen der Überprüfung aufgenommenen Daten in das GIS des Auftraggebers zurückgespielt werden können. Ein gewichtiges Argument zugunsten der elektronischen Netzkontrolle ist der Vorzug, dass sich das Ausdrucken und Konfektionieren der Pläne erübrigt und so beim Netzbetreiber viel Zeit eingespart wird. Auch das manuelle Einpflegen der bei der Überprüfung gewonnenen Daten entfällt, denn die einzelnen Laufweg- und Messpunkte bis hin zu festgestellten Mängeln und Leckstellen werden im digitalen Plan automatisch oder manuell markiert und können dem Netzbetreiber so zum Zwecke der Dokumentation übergeben werden (**Bild 3.38**). Ein wichtiger Aspekt sollte jedoch nicht außer Acht gelassen werden. Ohne eine zeitnahe Datensicherung vor Ort ist keine gesteigerte Prozessqualität gegeben.

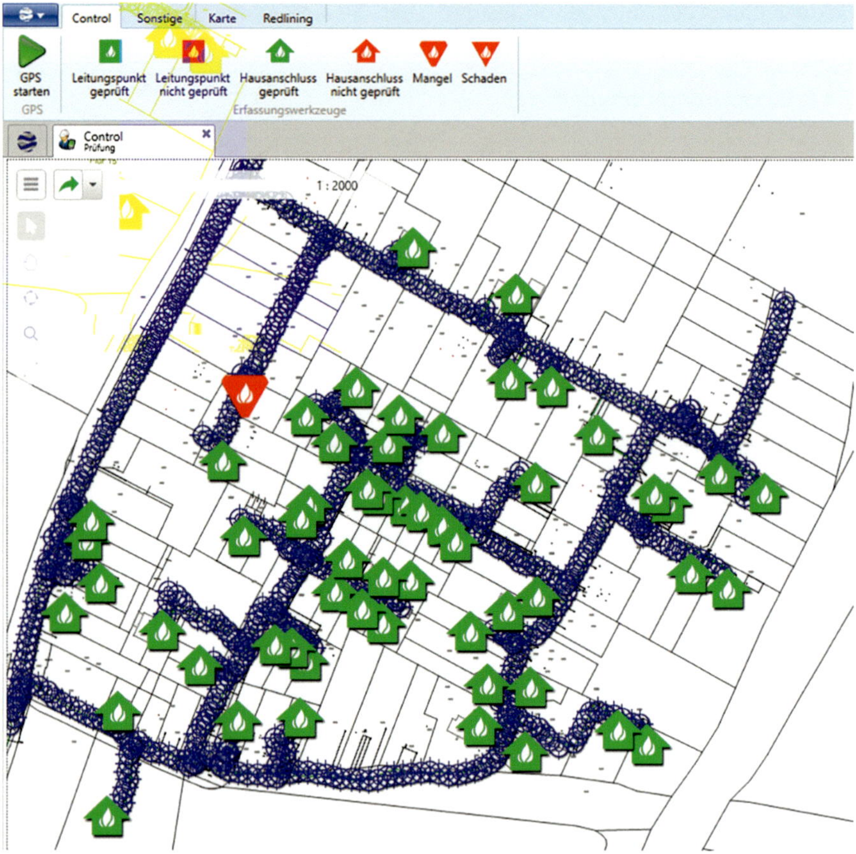

Bild 3.38: Dokumentierter Laufweg mittels GNSS-Empfänger inklusive Dokumentation der geprüften HAL

Nach Einschätzung vieler Praktiker bei den Netzbetreibern und Dienstleistungsunternehmen wurde mit der Nutzung von digitalem Planwerk und der unmittelbaren Dokumentation der richtige Weg beschritten. Denn bei Gegenüberstellung der Vor- und Nachteile wird deutlich, dass die Abläufe einfacher, sicherer, transparenter und letztlich auch wirtschaftlicher werden.

3.4.11 Schlussbesprechung

Wie die Vorbesprechung, so gehört auch die Schlussbesprechung vor Ort zu einer Rohrnetzüberprüfung zwingend dazu. Dabei werden die Überprüfungsergebnisse durchgesprochen und das Abnahmeprotokoll übergeben. In dieser Besprechung sollte der Gasspürer Hinweise auf festgestellte Besonderheiten oder wichtige mögliche Beeinflussungen der Leitungstrasse geben. Wichtig sind beim Abnahmeprotokoll die

Unterschriften, damit der jeweilige Unterzeichner mit in die Verantwortung genommen werden kann. Ein alleiniges Hin- und Herschicken des Abnahmeprotokolle zwecks Unterschriftsleistung reicht nicht aus.

3.4.12 Zusammenfassung

Bei der Beurteilung über die „Güte" der Dokumentation sollte man als Maßstab ganz nüchtern eine Beurteilung nach Aktenlage vornehmen, wie ein Dritter in Bezug auf das Regelwerk die gesamte Dokumentation nach den Kriterien

- Vollständigkeit,
- Nachvollziehbarkeit und
- Klarheit

bewerten würde. Falls Defizite festzustellen sind, sollte man diese bewerten und entweder als noch tolerierbar einstufen oder entsprechende Änderungen herbeiführen und natürlich das auch dokumentieren.

Exemplarische Fragen zur Selbstkontrolle

(1) Wann und worin sollten die wesentlichen Inhalte der Überprüfungsmaßnahme abgestimmt werden?

(2) Nach welchen Arbeitsblättern werden freiverlegte Leitungen und Brückenleitungen überprüft?

(3) Warum werden nicht geprüfte Netzanschlussleitungen und nicht geprüfte Leitungsabschnitte dokumentiert?

4. Wirkprinzipien und Gerätetechnik

Norman Jänchen

➢ Lernziele

- Der Nachweis von Brenngasen in der Umgebungsluft oder in der Bodenatmosphäre gelingt nur unter Zuhilfenahme unterschiedlichster Sensortechnik.
- Die wichtigsten in den Sensoren verwendeten Wirkprinzipien sind Flammenionisation, gassensitive Halbleiter, Wärmeleitfähigkeit, Wärmetönung und Infrarotabsorption.
- Mittels der Gerätetechnik sind Gaskonzentrationen beginnend ab 1 ppm Brenngas bis hin zu 100 Vol.-% abzubilden.
- Die in der Gerätetechnik verwendeten Wirkprinzipien weisen unterschiedliche Querempfindlichkeiten auf. D. h., dass die am häufigsten zu messende Gaskomponente Methan (CH_4) nicht allein reagiert, sondern auch andere Stoffe oder Umgebungseinflüsse das Messergebnis beeinflussen.
- Zur Vereinfachung der Handhabung der Gerätetechnik durch den Anwender sind die für bestimmte Tätigkeiten erforderlichen Messbereiche zu Einsatzfällen zusammengefasst.
- Mögliche Gefährdungen, wie bspw. Explosionsgefahr und Gesundheitsgefahren beim Geräteeinsatz werden je nach Einsatzfall berücksichtigt.
- Voraussetzungen für einwandfrei funktionierende Gerätetechnik sind die regelmäßige Wartung und Instandhaltung sowie die Durchführung der Anzeigetests, Prüfung der Anzeigegenauigkeit/Justierung unter Beachtung der vorgegebenen Prüfintervalle.

4.1 Wirkprinzipien und Messanordnungen der Gerätetechnik

4.1.1 Flammen-Ionisation-Detektion (FID)

Der Flammen-Ionisations-Detektor erfasst nur Kohlenwasserstoffe.

Der Detektor kann zwar nicht zwischen Methan und gasförmigem Benzin unterscheiden, hat jedoch den Vorteil, auf relevante Komponenten wie Kohlenstoffmonoxid oder Feuchte nicht zu reagieren.

Aufgrund seiner Nachweisempfindlichkeit von 1 ppm Methan ist dieses Wirkprinzip für die „oberirdische Überprüfung" besonders geeignet. Die obere Erfassungsgrenze liegt je nach Art des Kohlenwasserstoffes zwischen 5 und 10 Vol.-%, d. h. danach erlischt die Flamme in der Messzelle durch Sauerstoffmangel. Für den Einsatz in der Gerätetechnik zur Gasrohrnetzüberprüfung kommt jedoch nur der Messbereich bis 2,0 Vol.-% zur Anwendung.

In der Brennkammer brennt eine Wasserstoff-Flamme. In dieser Flamme werden den elektrisch neutralen Kohlenwasserstoffmolekülen Energie zugeführt. Damit werden diese Moleküle zu Ionen, d. h. zu elektrischen Teilchen. Durch die an zwei Elektroden angelegte Spannung wird ein elektrisches Feld erzeugt. Befinden sich in diesem elektrischen Feld ionisierte Kohlenwasserstoffmoleküle, fließt ein Ionisationsstrom, der

Bild 4.1: Prinzipschema Flammen-Ionisations-Detektor

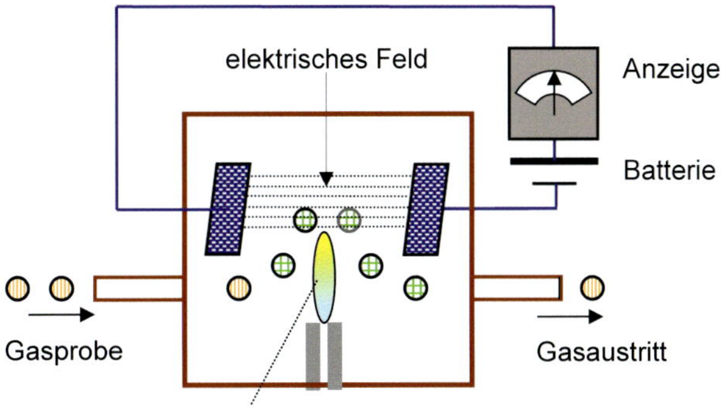

konzentrationsabhängig ist und vom Gerät als anstehende Gaskonzentration angezeigt wird (**Bild 4.1**).

Die eingesetzten Geräte mit diesem Wirkprinzip sind technisch ausgereift und leicht handhabbar.

Flammen-Ionisations-Detektoren haben folgende Vorteile:

- Keine Querempfindlichkeit auf Kohlenstoffmonoxid (CO) sowie Feuchtigkeit; Autoabgase und eine sich ändernde Luftfeuchtigkeit stören nicht
- Keine Rücklaufzeiten wie beim gassensitiven Halbleiter
- Kurze Freispülzeiten
- Relativ preiswert und wartungsarm
- Robuste Konstruktion.

Nachteilig beim Flammen-Ionisations-Detektor sind

- der hohe technische Aufwand mit entsprechenden Kosten,
- die begrenzte Einsatzfähigkeit bei niedrigen Temperaturen (die Bildung von Kondensat in der Messzelle führt zum Ausfall),
- die Masse und
- die Nicht-Kombinierbarkeit mit anderen Wirkprinzipien.

4.1.2 Gassensitiver Halbleiter (HL)

Der gassensitive Halbleiter erfasst alle brennbaren Gase. Damit und aufgrund seiner Nachweisempfindlichkeit ab 1 ppm Brenngas ist der gassensitive Halbleiter für den Einsatzfall „Oberirdische Überprüfung" ein gut verwendbarer Sensor.

Durch den geringen technischen Aufwand ist dieses Wirkprinzip in Gaskonzentrationsmessgeräten weit verbreitet.

Der gassensitive Halbleiter ist ein kleiner Baustein in Röhrchen- oder Flachbauweise. Die Wirkschicht aus dotiertem Zinndioxid wird auf etwa 300 °C erwärmt. Gelangt ein reduzierendes Gas, wie z. B. Methan, an die auf Betriebstemperatur aufgeheizte Wirk-

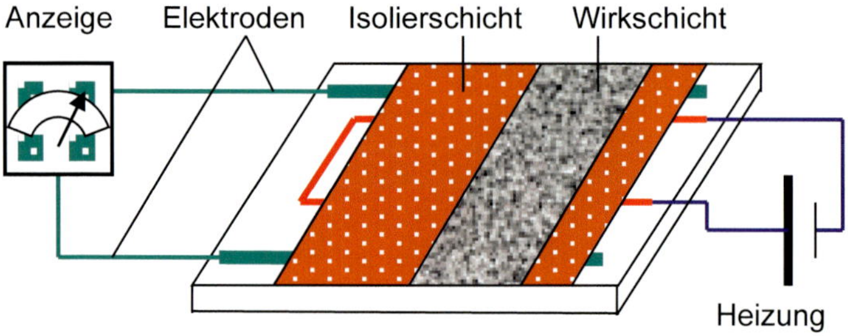

Bild 4.2: Gassensitiver Halbleiter in Flachbauweise

schicht, werden die Methanmoleküle an der Wirkschicht festgehalten, adsorbiert. Dadurch kommt es zu einer Veränderung der elektrischen Leitfähigkeit der Wirkschicht. Diese Widerstandsänderung führt zu einer Anzeige, dargestellt in ppm (**Bild 4.2**).

Das „Festhalten" der Methanmoleküle an der Wirkschicht ist auch der Grund für das „Freispülen" des Sensors nach einer Gasaufgabe und die damit verbundene Rücklaufzeit.

Da an der Oberfläche der Wirkschicht nicht nur Methanmoleküle anhaften, sondern z. B. auch andere Brenngase oder Kohlenstoffmonoxid, wird der Anzeigewert beeinflusst. Diese Beeinflussung, die auch bei Temperatur- und Feuchteänderungen stattfindet, nennt man Querempfindlichkeit.

Vorteile des gassensitiven Halbleiters sind

- der geringe technische Aufwand,
- die kleine Baugröße,
- das weite Einsatzspektrum und
- die Kombinierbarkeit mit anderen Wirkprinzipien zur Abdeckung des gesamten Messbereichs von 1 ppm bis 100 Vol.-% Methan.

Nachteile des gassensitiven Halbleiters sind

- die Querempfindlichkeit zu anderen Gasen,
- die Querempfindlichkeiten bezüglich Feuchte- und Temperaturänderungen sowie
- die lange Rücklaufzeit bei hohen Gaskonzentrationen.

4.1.3 Wärmeleitfähigkeit (WL)

Beim Wirkprinzip Wärmeleitfähigkeit werden die unterschiedlichen Wärmeleitfähigkeiten von Gasen im Vergleich zu Luft genutzt (siehe **Tabelle 4.1**).

Da in einer Gasprobe bei der Prüfung der Bodenluft beispielsweise alle Erdgasbestandteile, Luft sowie Kohlenstoffdioxid enthalten sein können, fließen auch alle Wärmeleitfähigkeiten in Summe in die Geräteanzeige ein.

Tabelle 4.1: Übersicht der Wärmeleitfähigkeit verschiedener Gase

Gas	Wärmeleitfähigkeit [W/mK bei 0°C]
Wasserstoff	16,75
Methan	3,06
Luft	2,39
Ethan	2,27
Propan	1,50
Kohlenstoffdioxid	1,42

Die Gasprobe Brenngas fließt am aufgeheizten Glühdraht (Sensor) vorbei und verändert dessen Temperatur und damit dessen elektrischen Widerstand (**Bild 4.3**).

Die Wärmeleitfähigkeiten aller im Gasgemisch enthaltenen Gase haben Einfluss entsprechend des prozentualen Anteils der Gaskomponenten:

- Leichte Gase (z. B. CH_4) vergrößern die Wärmeleitfähigkeit.
- Schwere Gase (z. B. CO_2) verringern die Wärmeleitfähigkeit.

Die Veränderung des elektrischen Widerstands des Glühdrahts erzeugt eine Anzeige von Vol.-% Brenngas.

Durch den Messbereichsumfang von mindestens 0,1 bis 100 Vol.-% wird dieses Wirkprinzip zur Prüfung der Bodenluft und beim Einsatzfall „Spülen-Gasreinheit" verwendet.

Da bei Gaskonzentrationsmessgeräten im Einsatzfall Prüfung der Bodenluft das möglicherweise im Erdreich vorhandene Kohlenstoffdioxid (CO_2) anzuzeigen ist, ist die Ausbreitung von Brenngas im Erdreich deutlich sicherer erkennbar. Damit werden Fehler bei der Klassifikation von Leckstellen vermieden.

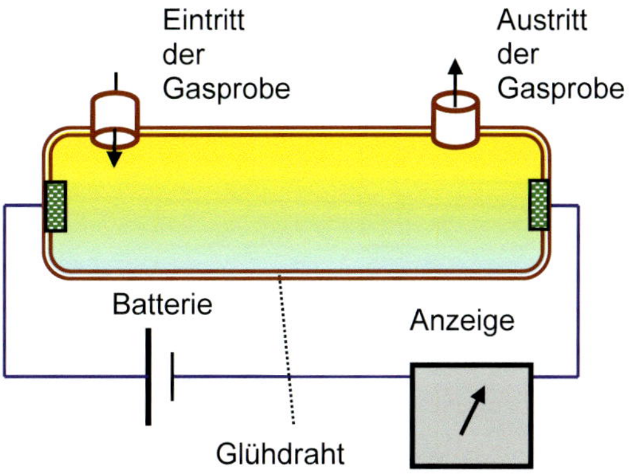

Bild 4.3: Messanordnung Wärmeleitfähigkeit

4.1.4 Infrarotabsorption (IR)

Gase haben die Fähigkeit, Strahlung, also Licht, zu absorbieren.

Im Grunde genommen sind Gase farblos, nicht sichtbar. Einige Gase, mit denen der Gasspürer aber nicht konfrontiert wird, werden durch Energieaufnahme sichtbar. Sie strahlen bei hohen (tödlichen) Konzentrationen in gelbgrün, braun oder violett und auf diese Weise Energie ab.

Im Gegensatz dazu können Kohlenwasserstoffe Strahlung in einem Wellenlängenbereich von 3 bis 4 Mikrometer aufnehmen. Da die Luftbestandteile Sauerstoff und Stickstoff bei dieser Wellenlänge keine Energie absorbieren, wird beim Vorhandensein von Methan in der Luft dem Lichtstrahl Energie entzogen, wodurch der Detektor in Abhängigkeit von der Brenngaskonzentration weniger Energie empfängt. Dieses Signal wird als Brenngaskonzentration angezeigt.

Die zu überprüfende Umgebungsluft wird durch eine Pumpe der Messkammer zugeführt. Von der Lichtquelle gelangt die breitbandige Strahlung zum Detektor. Enthält das Gasgemisch einen Anteil an Kohlenwasserstoffen, so wird ein Teil der Strahlung absorbiert und der Detektor liefert ein verringertes elektrisches Signal, das als Gaskonzentration angezeigt wird (**Bild 4.4**).

Je nach zu messender Gaskomponente wird ein Lichtstrahl bestimmter Wellenlänge durch die Gasprobe geschickt. Je höher die Gaskonzentration ist, umso mehr Licht wird absorbiert. Die Differenz des vollen und des geschwächten Lichtstrahles wird über einen Detektor zur Anzeige gebracht.

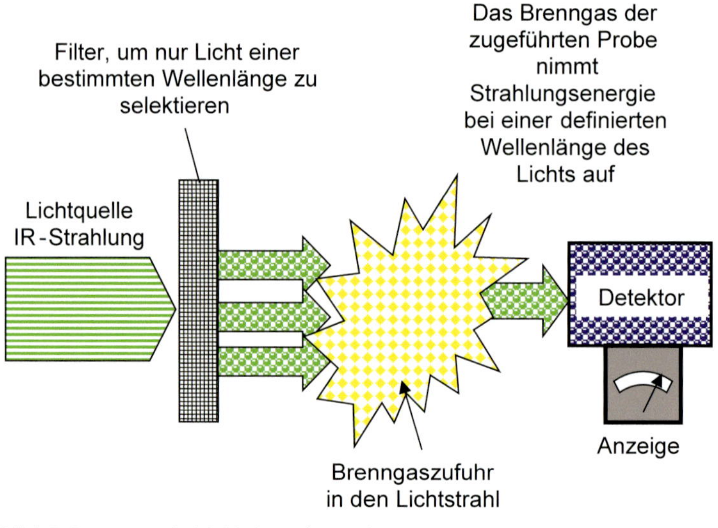

Bild 4.4: Prinzipschaltbild der Infrarotabsorption

4.1.5 Wärmetönung (WT)

Messgeräte mit diesem Wirkprinzip nutzen einen Katalysator für die Verbrennung des zugeführten Brenngases an einem Glühdraht. Dadurch findet die Verbrennung des Gases unterhalb der Zündtemperatur statt.

Brennbare Gase verbrennen an einem erhitzten Glühdraht, der mit einem Katalysator umhüllt ist, um die Verbrennungstemperatur zu senken. Durch die flammenlose Verbrennung erhitzt sich der Glühdraht und der elektrische Widerstand des Glühdrahtes ändert sich. Die Veränderung des elektrischen Widerstandes ist konzentrationsabhängig und wird als Gaskonzentration angezeigt (**Bild 4.5**).

Unabhängig vom anstehenden brennbaren Gas beträgt der Messbereichsumfang 1 bis 100 % der unteren Explosionsgrenze (UEG). Voraussetzung für die Funktionalität ist ein ausreichender Sauerstoffgehalt in der Gasprobe, um die vollständige Verbrennung zu gewährleisten.

Gaskonzentrationsmessgeräte mit dem Wirkprinzip Wärmetönung sind funktionssicher und weisen eine hohe Messgenauigkeit auf. Damit ist die Eignung für den Personenschutz gegeben.

Der Anwender muss aber beachten, dass die zum Einsatz kommenden Katalysatoren teilweise empfindlich gegenüber Katalysatorgiften wie Schwefelwasserstoff oder Silikone reagieren. Neuere katalytische Ex-Sensoren sind resistent gegen Vergiftungen durch Silikone und Schwefelwasserstoff.

Im Gasfach kommen Gaskonzentrationsmessgeräte mit einem Wärmetönungssensor hauptsächlich für den Einsatzfall „Überwachung Arbeitsraum" zum Einsatz.

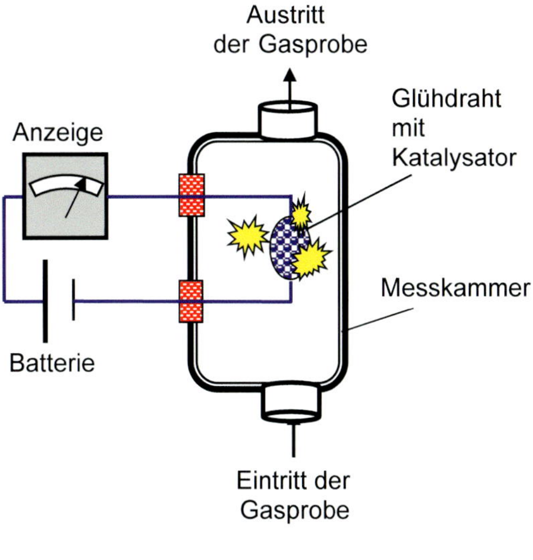

Bild 4.5: Messanordnung Wärmetönung

4.1.6 Gaschromatographie (GC)

Eine spezielle Trennsäule wird genutzt, um über den Ethannachweis zu prüfen, ob festgestelltes Methan aus der Gasversorgung stammt oder aus einem Fäulnisprozess.

Der Trennsäule wird eine Bodenluftprobe zugeführt. In der Trennsäule werden die Kohlenwasserstoffe zurückgehalten. Mit dem Trägergas Luft verlassen die Kohlenwasserstoffe nacheinander die Trennsäule. Der Verlauf wird mit einem gassensitiven Halbleiter registriert und zur Anzeige gebracht (**Bild 4.6**).

Wichtig ist eine hohe Nachweisempfindlichkeit von Ethan (C_2H_6). Der Grund hierfür ist der niedrige Ethan-Anteil im russischen Erdgas.

Bei H-Gas aus der Nordsee ist der Ethannachweis aufgrund des höheren Ethananteils wesentlich einfacher. Vielfach wird der Ethannachweis in der Bodenluft auf einem Schreibstreifen eines portablen Chromatographen dokumentiert (**Bild 4.7**).

Auf dem Schreibstreifen zur Auswertung des Ethannachweises werden die Kohlenwasserstoffe in der Reihenfolge angezeigt, in der sie die Trennsäule verlassen.

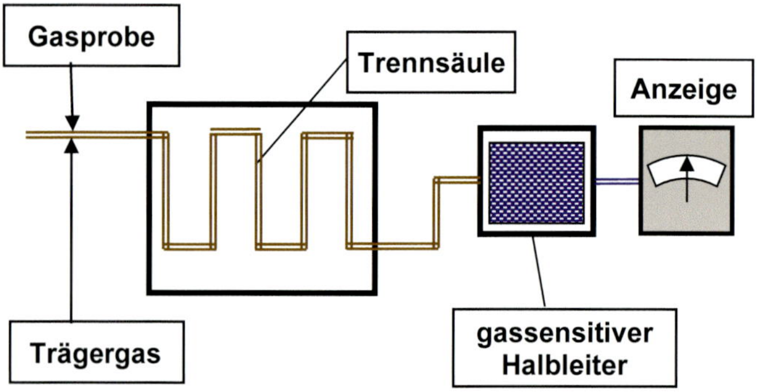

Bild 4.6: Ethannachweis mittels Gaschromatographie

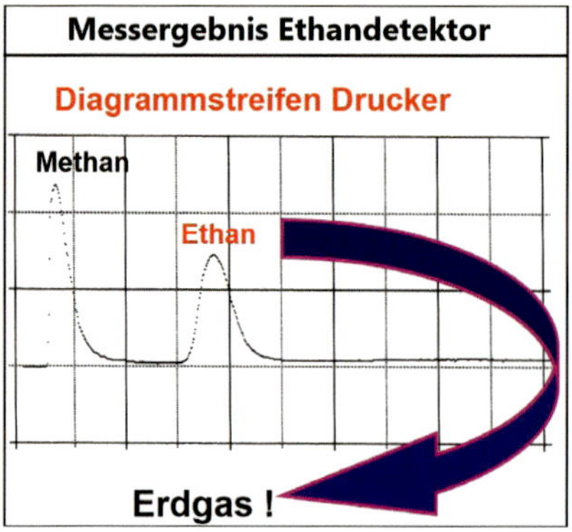

Bild 4.7: Diagrammstreifen zum Ethannachweis

4.1.7 Elektrochemische Messzelle (EC)

Mit dem Wirkprinzip elektrochemische Messzelle werden Gase zur Anzeige gebracht, die oft in sehr kleinen Konzentrationen anzutreffen sind, aber bereits in kleinen Größenordnungen gesundheitsschädlich oder giftig sind. Das sind z. B.

- Schwefelwasserstoff (H_2S),
- Kohlenstoffmonoxid (CO),
- Sauerstoff (O_2) oder
- Odoriermittel.

Bei der elektrochemischen Messzelle werden chemische Reaktionen in Gang gesetzt, wenn die zugeführte Gasprobe das entsprechende Zielgas enthält. Infolge dieser chemischen Reaktionen kommt es zur Anzeige (**Bild 4.8**).

Ein Nachteil der elektrochemischen Messzelle ist die häufig eingeschränkte Lebensdauer der Messzelle.

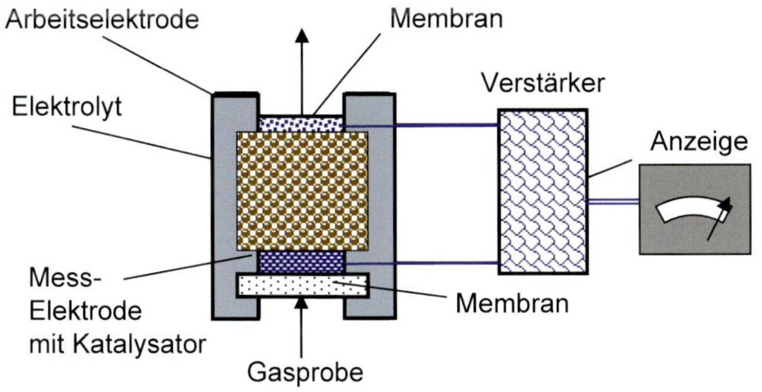

Bild 4.8: Wirkschema elektrochemische Messzelle

4.1.8 Kombination der Wirkprinzipien

Hat man in der Vergangenheit von Gasspür- und Gaskonzentrationsmessgeräten gesprochen, sind heute Kombinationsmessgeräte mit einem breiten Einsatzspektrum weit verbreitet.

Gründe für den Einsatz von Kombinationsmessgeräten:

- Die Anwender müssen in der Gegenwart spartenübergreifend agieren.
- Der Anwendungsumfang und die Anwendungshäufigkeit sind wesentlich größer.
- Kombinationsmessgeräte sind kleiner, leichter und energiesparender.

Durch intelligente Schaltung und Verknüpfung mehrerer Wirkprinzipien werden alle wesentlichen Einsatzfälle der Gasrohrnetzüberprüfung abgebildet (**Bild 4.9**).

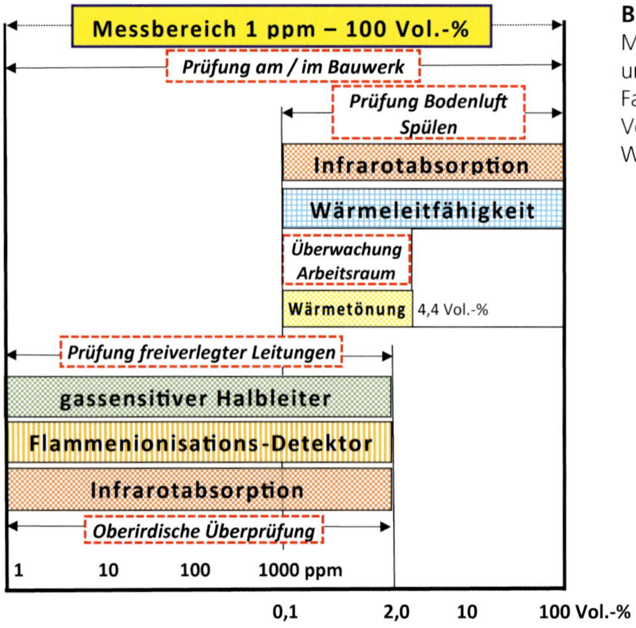

Bild 4.9: Messbereichsumfang und Einsatzfall im Falle intelligenter Verschaltung mehrerer Wirkprinzipien

4.2 Einsatzfälle

Gaskonzentrationsmessgeräte/Systeme zur Gasdetektion sind für das sichere und fachgerechte Arbeiten an Gasanlagen und Gasleitungen bei den unterschiedlichsten Einsatzfällen im Gasfach notwendig. Beispiele sind die planmäßige Gasrohrnetzüberprüfung, der Bereitschaftsdienst oder die Überwachung des Arbeitsraumes.

Diese Geräte sind wichtige Arbeitsmittel im Sinne der Arbeitssicherheit bei Gasnetzbetreibern, in der Gaserzeugung sowie qualifizierten Dienstleistungsunternehmen.

Mit der Einführung einheitlicher Begriffe und Symbole bei der Anwendung der Geräte ist die Benutzung der Gerätetechnik einfacher und komfortabler geworden.

Durch die menügeführte Auswahl des Einsatzfalles wird automatisch mit der richtigen Konfiguration, d. h. mit der automatisierten Auswahl des erforderlichen Wirkprinzips, im zutreffenden Messbereich und mit den erforderlichen Signalen und Alarmen gearbeitet. Fehlhandlungen werden durch eine entsprechende Auswahl und Gerätekonfiguration vermieden.

Je nach Einsatzfall ist geeignete Gerätetechnik zu verwenden. Dies betrifft auch die Art der zu verwendenden Sonde, z. B. Teppich- oder Glockensonde, Handsonde.

Die Anforderungen an die Gerätetechnik für die jeweiligen Einsatzfälle bezüglich Messbereichsumfang, Mindestempfindlichkeit, Explosionsschutz, Detektion von toxischen Gasen, Signalart sowie erforderlichem Prüfumfang sind in DVGW-Merkblatt G 465-4 „Gerätetechnik für die Überprüfung von Gasleitungen und Gasanlagen" Anhang A und C dargestellt.

Spezielle Gerätetechnik und Systeme zur Gasdetektion, mit denen Gasaustritte z. B. aus der Entfernung erkannt werden können, sind in Anhang B dargestellt. Bei den Geräten mit Infrarotabsorption sind zwei Gruppen zu unterscheiden: Zum einen freistrahlende, aktiv sendende Geräte, die meist mit IR-Lasern ausgestattet sind und für die kleinflächige Messung von Konzentrationsintegralen über Entfernungen bis zu mehreren Metern eingesetzt werden. Zum anderen Infrarotkameras, die mit bildgebenden, passiven Verfahren arbeiten und die Infrarot-Hintergrundstrahlung verwenden. Gasausbreitungen werden visuell dargestellt. Konzentrationsmessungen können mit den Geräten beider Gruppen nicht ohne weiteres erfolgen oder müssen – wenn notwendig – separat mit entsprechenden Konzentrationsmessgeräten durchgeführt werden.

Luftgestützte Gasferndetektion

Laserbasierte Gasferndetektionsgeräte können auch in Luftfahrzeugen eingesetzt werden, um die oberirdische Überprüfung erdverlegter Gasleitungen mit Betriebsdrücken größer als 5 bar durchzuführen. Dazu müssen derartige Gasferndetektionssysteme die Anforderungen des DVGW-Merkblattes G 501 erfüllen und diese in einem von einer DVGW-Prüfstelle zu überwachenden Test unter Beweis stellen.

Fahrzeugbasierte Gasdetektion

Die oberirdische Überprüfung gemäß DVGW-Merkblatt G 465-4 „Gerätetechnik für die Überprüfung von Gasleitungen und Gasanlagen" Anhang A kann mittels fahrzeugbasierter Gasdetektion entsprechend DVGW-Arbeitsblatt G 465-1 erfolgen.

4.2.1 Oberirdische Überprüfung erdverlegter Gasleitungen

Hintergrund:

- Detektion kleinster Leckagen an erdverlegten Gasleitungen
- mit der Empfindlichkeit von 1 ppm
- am Erdboden über der Gasleitung und an möglichen Austrittsstellen

Einfluss auf die oberirdische Überprüfung erdverlegter Gasleitungen haben u. a. die Witterung, das Bodenklima und die Oberfläche.

Wichtige Punkte und Anforderungen zur oberirdischen Überprüfung:

- Mindestempfindlichkeit des Gaskonzentrationsmessgerätes 1 ppm CH_4
- Verwendung geeigneter und funktionstüchtiger Sonden (Teppichsonde und Glockensonde, je nach Beschaffenheit der Oberfläche)
- Empfindlichkeitstest/Anzeigetest täglich vor und nach dem Einsatz
- Durchführung des Anzeigetests mit Zubehör
- Zum Einsatz kommende Wirkprinzipien: Flammenionisationsdetektor (FID) und gassensitiver Halbleiter und Infrarotabsorption

- Bei der fahrzeugbasierten Gasdetektion kommt spezielle Gerätetechnik zum Einsatz, z. B. mit dem Wirkprinzip Infrarotabsorption mit einer höheren Empfindlichkeit
- Überprüfungsgeschwindigkeit mit Schrittgeschwindigkeit (langsames Fußgängertempo).

Über ein einstellbares Signal (z. B. 4 ppm Methan) wird akustisch – bei digitaler Gasrohrnetzüberprüfung auch optisch – auf gefundene Gasspuren und damit auf eine mögliche Leckstelle hingewiesen.

Wird über die jeweilige Sonde Gas in die Messkammer des Gaskonzentrationsgeräts gesaugt, sind entscheidende Voraussetzungen für das Auffinden kleinster Gaswolken ein funktionierendes Ansaugsystem mit ausreichender Pumpenleistung und die Minimierung von Falschluftansaugung über die Teppichsonde bzw. Glockensonde.

Für beide Sonden gilt, dass der Teppich oder die Glocke dicht auf dem Untergrund aufliegen müssen. Dadurch wird wenig Falschluft angesaugt und es können mit großer Sicherheit kleinste Gasspuren detektiert werden.

Voraussetzung für eine hochwertige oberirdische Überprüfung ist die tägliche Durchführung des Anzeigetests vor und nach dem Einsatz.

Hierbei wird ein Prüfgas mit 10 ppm Methan (CH_4) über eine Prüfplatte dem Teppich oder der Glockensonde zugeführt. Innerhalb von 10 Sekunden muss am Gaskonzentrationsmessgerät ein Wert von mindestens 8 ppm Methan (CH_4) anstehen.

Diese Prüfung umfasst das gesamte System, von der Sonde bis zum Messgerät. Nur so ist sichergestellt, dass die Nachweisempfindlichkeit vorhanden ist, das Ansaugsystem dicht und die Pumpenleistung ausreichend ist.

Die Überprüfungsgeschwindigkeit bei der oberirdischen Überprüfung ist ein erheblicher Kostenfaktor, und es gibt deshalb immer wieder Bemühungen, die Technologie zu verbessern.

Die oberirdische Überprüfung kann auch mittels fahrzeugbasierter Gasdetektion entsprechend DVGW-Arbeitsblatt G 465-1 erfolgen. Dabei sind die Mindestanforderungen gemäß DVGW-Merkblatt G 465-4 „Gerätetechnik für die Überprüfung von Gasleitungen und Gasanlagen" Anhang A zu erfüllen (**Tabelle 4.2**).

Weitere Anforderungen sind:

- Messbereich: 0,5 ppm bis 2,0 Vol.-%
- Explosionsschutz: nein
- Signale: akustisch.

Stand der Technik sind Fahrzeuge mit Messsystemen zur oberirdischen Überprüfung erdverlegter Gasleitungen, die über ein Ansaugsystem, das sich unter oder vor dem Fahrzeug befindet, Luft über dem Erdboden absaugt und einem Messsystem zuführt. Diese Technologie mit der intensiven Suche nach Leckstellen ermöglicht Überprüfungsgeschwindigkeiten von 30 km/h.

Tabelle 4.2: Auszug aus DVGW-Merkblatt G 465-4

Einsatzfall Bezeichnung	Mindestanforderungen
Oberirdische Überprüfung erdverlegter, überfahrbarer Leitungen mit möglichen Freisetzungsflächen	Automatische Aufzeichnung von Position, Geschwindigkeit und Messwert notwendig. Überprüfungsgeschwindigkeit sowie Wind und Windrichtung beachten. Detektion über gesamte Fahrzeugbreite sicherstellen.
	Nachweis der Mindestanzeige von 10 ppm CH_4 durch den Hersteller mit Angabe der Prüfgaskonzentration, Prüfgasaufgabezeit am Sondensystem und Fahrgeschwindigkeit

Um die Qualität der Gasrohrnetzüberprüfung nicht zu beeinträchtigen, sind durch den verantwortlichen Netzbetreiber unter Berücksichtigung der betrieblichen Erfahrungen sowie der Netz- und Topografiegegebenheiten beim Einsatz von fahrzeuggestützter und handgeführter Messsysteme spezielle Festlegungen zu treffen, wie z. B.:

- Wie werden Anschlussleitungen regelkonform und sicher überprüft?
- Wie ist mit fließendem und ruhendem Verkehr umzugehen?

Damit liegt die Verantwortung zum Einsatz derartiger Gerätetechnik beim Netzbetreiber.

An nicht unmittelbar zugänglichen Bereichen kann die Detektion von oberirdischen Gasausbreitungen auch durch handgeführte oder fahrzeuggestützte Gasferndetektion erfolgen. Bei Gasbefund sind weitere Überprüfungsarbeiten zur Lokalisation und Klassifikation gemäß DVGW-Merkblatt G 465-3 erforderlich.

Zu beachten ist, dass handgeführte Gasferndetektionsverfahren derzeit noch nicht die planmäßige oberirdische Überprüfung von erdverlegten Leitungen ersetzen.

4.2.2 Prüfung der Bodenluft

Hintergrund: Die Messung der Gaskonzentration im Erdboden wird durchgeführt,

- zur Feststellung der Gasausbreitung im Erdboden, um die Befundgrenze zu bestimmen; anhand der Befundgrenze ist die Leckklassifikation durchzuführen,
- zur Abwendung möglicher Gefahren entsprechend der Leckklassifikation und
- um dem Rohrbauunternehmen die Aufgrabestelle vorzugeben; Ausmessen der Stelle der höchsten Gaskonzentration im Erdboden.

Wichtige Punkte und Anforderungen zur Prüfung der Bodenluft sind:

- Es dient der Klassifikation der Leckstelle
- Befundgrenze: 0,1 Vol.-% CH_4
- Messbereich: 0,1 bis 100 Vol.-% CH_4 und Anzeige CO_2

- Zum Einsatz kommende Wirkprinzipien: Wärmeleitfähigkeit oder Infrarotabsorption für die Messung von CH_4 und Infrarotabsorption für die CO_2-Anzeige
- Zur Lokalisation der Leckstelle = zur Ortung der vermutlichen Gasaustrittsstelle = Reparaturstelle

Die oberirdische Überprüfung erdverlegter Gasleitungen ist der erste Arbeitsschritt der Gasrohrnetzüberprüfung. Werden bei der oberirdischen Überprüfung Gasspuren festgestellt, ist im zweiten Arbeitsschritt die Gasausbreitung von der vermuteten Leckstelle zu bestimmen, ggf. ein Ethantest zur Verifizierung von Erdgas vorzunehmen und entsprechend der anstehenden Gefährdung zu klassifizieren.

Die Ermittlung der Gasausbreitung dient der Klassifikation der Leckstelle. Auszumessen ist außerdem, wie weit Brenngas an ein Bauwerk oder einen Hohlraum heranreicht oder ob das Brenngas möglicherweise schon in das Bauwerk eingedrungen ist. Dabei ist entscheidend, ab welcher Stelle mit einem Gaskonzentrationsmessgerät (Nachweisempfindlichkeit mindestens 0,1 Vol.-% Methan) kein Brenngas mehr feststellbar ist.

Aus der ermittelten Leckklasse leitet sich die weitere Vorgehensweise und der Zeitplan der Überwachung bis hin zur Leckstellenbeseitigung ab.

Zusätzlich ist die Stelle der höchsten Gaskonzentration im Erdboden auszumessen, um dem Rohrbauunternehmen die Aufgrabestelle vorzugeben. Zum Nachweis der höchsten Gaskonzentration ist eine obere Nachweisgrenze bis 100 Vol.-% Methan erforderlich.

Regelwerkskonform sind Gaskonzentrationsmessgeräte mit einer Nachweisempfindlichkeit von mindestens 0,1 Vol.-% Methan (CH_4) und mit der Kompensation einer Querempfindlichkeit auf andere Schwergase bei Gerätetechnik mit Wärmeleitfähigkeitssensoren.

Da eine Gaskonzentration von 5 Vol.-% Kohlenstoffdioxid (CO_2) in der Bodenluft oft anzutreffen ist und die Anwesenheit von Kohlenstoffdioxid im Wärmeleitfähigkeitssensor den Brenngasnachweis verfälscht, ist ein spezieller Messaufbau zur Kompensation des CO_2-Einflusses erforderlich. Beim Einsatz des Wirkprinzips Infrarotabsorption ist diese Kompensation nicht mehr erforderlich.

Das Absaugen der Bodenluftprobe erfolgt durch eine im Gaskonzentrationsmessgerät eingebaute Pumpe über eine spezielle Sonde. Die Sonde hat eine konische Spitze, um das Sondenloch gegen Falschluft aus der Umgebungsluft weitgehend abzudichten.

4.2.3 Prüfung in/von Bauwerken

Hintergrund: Messen kleinster Gaskonzentrationen in Bauwerken und Ortung der Gasherkunft bei

- Gaseintritt in Bauwerke von außen,
- Detektion von Leckagen an innenliegenden Teilen des Gasnetzanschlusses,
- Detektion von Undichtheiten an der Installation,
- Messen der Gaskonzentration in Hohlräumen und Schächten (von außen), die ein erhöhtes Gasausbreitungspotenzial bergen.

Wichtige Punkte und Anforderungen zur Prüfung in/von Bauwerken sind:

- Prüfung in/von Bauwerken ist vorgeschrieben bei Gasbefund von 0,1 Vol.-% CH_4 in unmittelbarer Nähe von Bauwerken
- Zur Klassifikation der Leckstelle bei Gasbefund erforderlich
- Befundgrenze: 10 ppm CH_4
- Messbereich: 1 ppm bis 100 Vol.-% CH_4
- Zum Einsatz kommende Wirkprinzipien: gassensitiver Halbleiter, Wärmetönung, Wärmeleitfähigkeit oder Infrarotabsorption für die Messung von CH_4

Bauwerke sind zu unterscheiden in

- Gebäude und
- Hohlräume,

die bei Gasbefund ≥ 10 ppm Brenngas als Leckstelle der Leckklasse A I einzustufen sind. Es ist zulässig, zur Klassifikation von Leckstellen in Hohlräumen unternehmensspezifische Festlegungen abweichend zur Leckklasse A I zu treffen.

Durch den Netzbetreiber ist entsprechend der örtlichen Verhältnisse und Besonderheiten zu definieren, was als Hohlraum zu verstehen ist. Es ist festzulegen, welche Straßeneinbauten und Einrichtungen im Umfeld des Gasnetzes wie z. B. Schächte, Kanäle, Wassereinläufe, Lichtsignalanlagen usw. als Hohlräume einzustufen sind.

Bei der Klassifikation von Gasbefund in Hohlräumen sind die konkreten örtlichen Bedingungen wie

- Nähe zur Bebauung,
- gemessene Gasausbreitung und
- gemessene Gaskonzentration usw.

zu beachten.

Für Prüfungen in Gebäuden können Gaskonzentrationsmessgeräte mit einem Messbereich von 1 ppm bis 2,2 Vol.-% Methan (CH_4) verwendet werden.

Anlässe für eine Prüfung im Gebäude können sein:

- Hinweis auf Brenngas im Zuge der planmäßigen Gasrohrnetzüberprüfung vor dem Bauwerk
- Außerplanmäßige Überprüfung im Winter in Bauwerken
- Eine planmäßige Überprüfung der innenliegenden Leitungsteile.

4.2.4 Prüfung freiverlegter Gasleitungen und von Anlagen

Hintergrund:

- Messen kleinster Gaskonzentrationen bzw. Gasdetektion an freiverlegten Gasleitungen und Anlagen (z. B. Gasleitungen an Brücken, oberirdische Düker, in der Industrie, in Verdichteranlagen, in Biogasanlagen usw.).
- Mit der Empfindlichkeit von 1 ppm bzw. ab 1 ppm*m

- Messbereich: 1 ppm bis 2,2 Vol.-% CH_4 bzw. Erfassung der Gasausbreitung in ppm*m
- Im Umfeld der freiverlegten Gasleitung unter besonderer Beachtung der Witterungseinflüsse, vornehmlich Wind

Zur Überprüfung freiverlegter Gasleitungen und Anlagen gehört neben der Überprüfung auf Dichtheit auch die Beurteilung eines technisch betriebssicheren Zustands.

Für die Überprüfung schwer zugänglicher freiverlegter Gasleitungen auf Dichtheit können auch handgeführte Gasferndetektionsverfahren bzw. Messsysteme zur Anwendung kommen.

Bei Feststellung eines Gasbefunds mittels Gasferndetektion ist jedoch nur ein Gasaustritt identifiziert worden. Eine Abschätzung des davon ausgehenden Gefährdungspotenzials ist nicht möglich. Demzufolge sind weitere Überprüfungsarbeiten zur Lokalisation und Klassifikation mittels Gaskonzentrationsmessgerät erforderlich.

Handgeführte Gasferndetektionsverfahren können somit den Aufwand bei der Überprüfung schwer zugänglicher freiverlegter Gasleitungen reduzieren. Zur Klassifikation und Lokalisation sind sie nicht geeignet.

4.2.5 Spülen zum Nachweis von Gasreinheit bzw. Gasfreiheit

Hintergrund: Mit diesem Einsatzfall kann der Nachweis der Gasreinheit bzw. Gasfreiheit in Gasleitungen erbracht werden, d. h.

- Nachweis der Gasreinheit beim Begasen einer Leitung oder Anlage
- Nachweis der Gasfreiheit beim „Freispülen" einer Leitung oder Anlage mit Stickstoff oder Luft.

Wichtige Punkte und Anforderungen zum Nachweis von Gasreinheit bzw. Gasfreiheit sind:

- Messbereich: 0,1 bis 100 Vol.- % CH_4
- Im Gegensatz zum Einsatzfall „Prüfung Bodenluft" keine Anzeige von CO_2
- Zum Einsatz kommende Wirkprinzipien: Infrarotabsorption oder Wärmeleitfähigkeit
- Gasreinheit ist gegeben (siehe DGUV 100-500, Kap. 2.31 „Arbeiten an Gasleitungen"), wenn beim Begasen mindestens 90 % Brenngas angezeigt werden. Beispiel: Bei H-Gas aus Russland werden bei 100 % Brenngas in der Leitung ca. 98 Vol.-% Methan angezeigt. Gemäß DGUV 100-500, Kap. 2.31 ist die Gasleitung bis zu einer Anzeige von ca. 90 Vol.-% Methan zu spülen. Bei den Spülvorgängen ist auf eine ausreichende Spülgeschwindigkeit zu achten, um Schichtenbildung des Brenngases in der Leitung zu vermeiden.
- Gasfreiheit ist gegeben, wenn beim Spülen einer Leitung eine Gaskonzentration kleiner 50 % UEG erreicht wird. Unterhalb dieses Konzentrationswertes gilt die Leitung als gasfrei. Bei den Spülvorgängen ist auf eine ausreichende Spülgeschwindigkeit zu achten, um Schichtenbildung des Brenngases in der Leitung zu vermeiden.

4.2.6 Überwachung Arbeitsraum

Hintergrund: Überwachung der Arbeitsumgebung während der Durchführung von Arbeiten an Gasleitungen und/oder Gasanlagen, bei denen mit Explosionsgefahr gerechnet werden muss. Zusätzlich kann eine Warnung vor toxischen Gaskonzentrationen sowie Sauerstoffmangel (z. B. bei der Gaserzeugung) erfolgen, soweit es sich um Kombinationsgeräte handelt.

Der Einsatzfall „Überwachung Arbeitsraum" unterscheidet sich vom Einsatzfall „Prüfung in/von Bauwerken" durch den Messbereich und den erforderlichen aktiven Explosionsschutz. Durch die hohe Messgenauigkeit in diesem Einsatzfall ist die Eignung zum Personenschutz gegeben.

Im Unterschied zum Einsatzfall „Prüfung in/von Bauwerken" wird beim Einsatzfall „Überwachung Arbeitsraum" das Gaskonzentrationsmessgerät zu einem tragbaren Gaswarngerät. Anforderungen an tragbare Gaswarngeräte sind in folgenden DGUV-Informationen beschrieben:

- DGUV-Information 213-057 „Gaswarneinrichtungen für den Explosionsschutz – Einsatz und Betrieb" (Merkblatt T 023 der Reihe Sichere Technik)
- DGUV-Information 213-056 „Gaswarneinrichtungen für toxische Gase/Dämpfe und Sauerstoff – Einsatz und Betrieb" (Merkblatt T 021 der Reihe Sichere Technik).

Ein wesentlicher Unterschied zu der ansonsten in Verantwortung des Anwenders/Betreibers festzulegenden Prüfhäufigkeit (DVGW-Merkblatt G 465-4 „Gerätetechnik für die Überprüfung von Gasleitungen und Gasanlagen" Anhang C) ist der zwingend vorgeschriebene Anzeigetest vor jeder „Arbeitsschicht" mit Null- und Prüfgas.

4.3 Prüfung und Instandhaltung der Gerätetechnik

Die Prüfung und Instandhaltung der Gerätetechnik erfolgen in drei Stufen. Je nach Geräteart und Geräteausführung sind Häufigkeit und Ausführender unterschiedlich. Die Prüfung schließt entsprechendes Zubehör mit ein.

Die Prüfungen und sonstigen Tätigkeiten der Instandhaltung sind zu dokumentieren. Die Dokumentation ist mindestens ein Jahr aufzubewahren.

4.3.1 Inspektion (Sichtkontrolle, Anzeigetest)

Inspektionen sind entsprechend des Arbeitsablaufes vor Beginn der Arbeiten von einer in die Handhabung des entsprechenden Gerätes unterwiesenen Person vorzunehmen.

Unterwiesene Personen = Anwender der Gerätetechnik (z. B. Gasspürer) sind

- mit Funktion, Aufbau der Geräte und der Betriebsanleitung vertraut,
- beherrschen die Durchführung der Anzeigetests und
- können die Ergebnisse des Anzeigetests beurteilen.

Bei der Inspektion prüfen unterwiesene Personen

- den äußeren Gerätezustand und den Zustand des Sondensystems,

- die Funktionalität der Bedienelemente,
- den Batterie- oder Akkuladezustand,
- Werte an Frischluft (Nullpunkt) sowie
- die Pumpenleistung und den Ansaugweg einschließlich der Filter und
- führen je nach Einsatzfall die turnusmäßigen Anzeigetests durch (dabei sind die vom Hersteller in der Betriebsanleitung des jeweiligen Gerätes angegebenen Prüfgase zu verwenden).

Hinweise und Tipps für die Praxis:

- Staub und Kondensate im Ansaugweg können Kohlenwasserstoffe zurückhalten, um sie dann zeitversetzt wieder frei zu geben. Nullpunktstörungen sind die Folge!
- Durchsichtige Schläuche und Filter lassen Ablagerungen frühzeitig erkennen.
- Zum Reinigen sind keine Lösungsmittel zu benutzen und keine chemischen Reinigungsmittel anzuwenden. Unkontrollierte Reaktionen des Gerätes sind die Folge.
- Akkus sind regelmäßig zu laden.

Die Inspektion (Sichtkontrolle einschließlich Anzeigetest = Empfindlichkeitstest) ist für den Einsatzfall „Oberirdische Überprüfung" von einer in die Handhabung des entsprechenden Gerätes unterwiesenen Person, z. B. den Gasspürer, vorzunehmen.

Wesentliche Punkte der Sichtkontrolle einschließlich Anzeigetest für den Einsatzfall „Oberirdische Überprüfung" sind:

- Der Anzeigetest erfolgt mit Sondensystem.
- Das Ansaugsystem ist dicht und die Pumpenleistung ist ausreichend.
- Aufgabe des Prüfgases von 10 ppm Methan (CH_4) über die Prüfeinrichtung auf die Prüfplatte
- Aufnahme des Gases über die Teppich- oder Glockensonde
- Anzeige einer Gaskonzentration von 8 ppm innerhalb von 10 Sekunden
- Bei feuchteempfindlichen, gassensitiven Halbleitern ist der Anzeigetest mit konditioniertem Prüfgas durchzuführen.
- Die Prüfergebnisse sind zu dokumentieren und aufzubewahren.

4.3.2 Prüfung der Anzeigegenauigkeit und Justierung

Zur Prüfung der Anzeigegenauigkeit ist das vom Hersteller in der Betriebsanleitung des jeweiligen Gerätes angegebene Prüfgas zu verwenden.

Die Justierung ist durchzuführen, wenn die vom Hersteller vorgegebenen Toleranzbereiche bei der Prüfung der Anzeigegenauigkeit überschritten werden.

Werden beim Anzeigetest die vom Hersteller vorgegebenen Anzeigetoleranzen eingehalten, müssen keine Justierungen erfolgen.

Die Justierung ist von einer Fachkraft durchzuführen. Die mit der Justierung beauftragten Fachkräfte sind nachweislich zu folgenden Punkten zu schulen:

- Betriebsanleitung
- Messprinzipien
- Prüfgase / Prüfeinrichtungen und deren sachgerechte Verwendung
- Beurteilen der Ergebnisse der Inspektion und Kalibration.

Die Prüfungen der Anwendungsfälle können wie folgt zusammengefasst werden:

- Oberirdische Überprüfung
- Prüfung Bodenluft / Gasreinheit
- Prüfung Bauwerk / freiverlegte Leitungssysteme
- Überwachung Arbeitsraum
- Ethananalyse.

4.3.3 Wartung/Instandsetzung

Die zum Einsatz kommende Gerätetechnik ist mindestens jährlich einer Wartung und falls erforderlich Instandsetzung durch einen Sachkundigen zu unterziehen. Die jährliche Wartung und Instandsetzung beinhaltet

- die fachmännische Pflege der Geräte,
- die Auswechslung von verschlissenen Bauteilen bzw. Bauteilen mit begrenzter Lebensdauer und
- die Justierung der Geräte.

4.3.4 Prüfintervalle der Geräteprüfung

Die Prüfintervalle sind abhängig von der Geräteart, dem Einsatzfall und der Einsatzhäufigkeit.

Im DVGW-Hinweis G 465-4 „Gerätetechnik für die Überprüfung von Gasleitungen und Gasanlagen" werden im Anhang C Prüfhäufigkeit, Gruppierung und empfohlene Prüfgase beispielhaft zur Information für den Anwender dargestellt. Es sind also unternehmensspezifisch Festlegungen zur Prüfhäufigkeit der Gerätetechnik zu treffen.

Da bei den unterschiedlichen Einsatzfällen z. T. dieselben Sensoren verwendet werden, können die Prüfungen in Gruppen von Anwendungsfällen zusammenfasst werden (**Tabelle 4.3**).

Der Betreiber und Anwender der Geräte kann aus bestimmten Gründen, wie beispielsweise

- Häufigkeit der Benutzung,
- besondere Beanspruchungen oder
- Kenntnisse zu besonderen Einsatzbedingungen, usw.

das Prüfintervall verkürzen und selbst festlegen.

Tabelle 4.3: Intervalle der erforderlichen Prüftätigkeiten

Einsatzfall		Intervall
Anzeigetest Bei unzulässigen Abweichungen im Anzeigetest ist das Gerät durch eine Fachkraft neu zu justieren.	Oberirdische Überprüfung	täglich vor und nach dem Einsatz
	Oberirdische Überprüfung überfahrbarer Leitungen	täglich vor und nach dem Einsatz
	Überwachung Arbeitsraum	vor jeder Arbeitsschicht
Prüfung der Anzeigegenauigkeit (Justierung)	Oberirdische Überprüfung und oberirdische Überprüfung überfahrbarer Leitungen	bei unzulässigen Abweichungen im Anzeigetest
	Überwachung Arbeitsraum	vierteljährlich
	Prüfung Bodenluft	vierteljährlich
	Prüfung Bauwerk	wöchentlich
	Prüfung freiverlegter Leitungssysteme	wöchentlich
	Ethananalyse	vierteljährlich

Ausnahme: Wird ein Gerät als tragbares Gaswarngerät genutzt, ist es entsprechend DIN EN 60079 Teil 29-1 und Teil 29-2 und DGUV-Information 213-057 „Gaswarneinrichtungen für den Explosionsschutz – Einsatz und Betrieb" (Merkblatt T 023 der Reihe Sichere Technik) sowie DGUV-Information 213-056 „Gaswarneinrichtungen für toxische Gase/Dämpfe und Sauerstoff – Einsatz und Betrieb" (Merkblatt T 021 der Reihe Sichere Technik) vor jedem Einsatz zu überprüfen. Dieser Einsatzfall ist jedoch nur gegeben, wenn es um Arbeiten an Gasanlagen oder im Gasnetz geht, bei denen mit Explosionsgefahr zu rechnen ist.

4.3.5 Prüfgase

Die Qualität der Gasrohrnetzüberprüfung basiert auf einer korrekt und zuverlässig funktionierenden Gerätetechnik.

Das Überprüfen eines Messgerätes mit einer bekannten Gaskonzentration ist der einzige Weg, um eine genaue Detektion, Messung und/oder Warnung vor bzw. von Gasgefahren zu gewährleisten.

Prüfgase sind von den Herstellern vorgegeben. Nach Herstellerangaben sind Prüfgase unterschiedlichste Gemische aus dem zu detektierenden Gas z. B. mit synthetischer Luft, Stickstoff oder weiteren Gasen.

Das Verfallsdatum der Prüfgase ist zu beachten. Die Prüfgasgenauigkeit beträgt minimal ±5 %. Hersteller- und geräteabhängig können spezifische Prüfgasgemische erforderlich sein.

Die Prüfungen der Anwendungsfälle können wie folgt zusammengefasst werden:

Tabelle 4.4: Einsatzfälle und zu verwendende Prüfgase

Prüfung	Einsatzfall	Prüfgas[1]
Anzeigetest[2]	Oberirdische Überprüfung	10 ppm CH_4
	Oberirdische Überprüfung überfahrbarer Leitungen	1000 ppm CH_4
	Überwachung Arbeitsraum	50 % UEG des Zielgases und bei toxischen Gasen mindestens AGW
Prüfung der Anzeigegenauigkeit (Justierung)	Oberirdische Überprüfung; oberirdische Überprüfung überfahrbarer Leitungen	1000 ppm CH_4
	Überwachung Arbeitsraum	50 % UEG des Zielgases bei toxischen Gasen mind. AGW
	Prüfung Bodenluft	20 Vol.-% CO_2 / 80 Vol.-% CH_4
	Prüfung Bauwerk	1,0 Vol.-% CH_4 für den gassensitiven Halbleiter und 2,2 Vol.-% für Wärmetönung/ Infrarotabsorption
	Prüfung freiverlegter Leitungssysteme	1,0 Vol.-% CH_4
	Spülen / Gasreinheit	100 Vol.-% CH_4
	Ethananalyse	50 ppm Ethan in 1,0 Vol.-% CH_4 Rest synthetische Luft

[1] andere Prüfgase können gemäß Herstellervorgabe verwendet werden
[2] bei unzulässigen Abweichungen im Anzeigetest ist das Gerät durch eine Fachkraft neu zu justieren.

- Oberirdische Überprüfung
- Prüfung Bodenluft / Gasreinheit
- Prüfung Bauwerk / freiverlegte Leitungssysteme
- Überwachung Arbeitsraum
- Ethananalyse

Tabelle 4.4 zeigt eine Übersicht über die möglichen Einsatzfälle und die zu verwendenden Prüfgase.

4.3.6 Prüftechnik und Prüfeinrichtungen

Anzeigetests und Prüfungen der Anzeigegenauigkeit sind mit Prüftechnik und Prüfeinrichtungen und den vorgeschriebenen Prüfgasen durchzuführen.

Bei den von den verschiedenen Herstellern angebotenen Prüfeinrichtungen sind Druck und Menge des Prüfgases regelbar. Das Prüfgas wird konditioniert. Die Dokumentation der Geräteprüfung erfolgt entweder in der Gerätetechnik oder in der Prüfeinrichtung.

Automatisierte Prüfeinrichtungen bzw. die in die Gerätetechnik integrierten Prüfprogramme einschließlich Selbsttests sind Stand der Technik.

Sowohl für den Anwender als auch für den Gerätewart (Sachkundigen) verbessern sich damit die Anwendungsfreundlichkeit, die Vereinfachung der Dokumentation und die Auswertungsmöglichkeiten.

4.4 Zusammenfassung

Die wesentlichen in der Gerätetechnik verbauten Wirkprinzipien wurden in kompakter Form vorgestellt. Damit erhält der Anwender (Gasspürer) Grundkenntnisse zur Funktionalität der Gerätetechnik. Bei den jeweiligen Einsatzfällen der Gasrohrnetzüberprüfung kommen die beschriebenen Wirkprinzipien aufeinander abgestimmt zum Einsatz. Damit entfallen für den Anwender die Messbereichsauswahl und die Berücksichtigung einsatzspezifischer Anforderungen.

Exemplarische Fragen und Antworten zur Selbstkontrolle

(1) Welches Wirkprinzip reagiert nur auf Kohlenwasserstoffe?

(2) Mit welchen Wirkprinzipien kann ein Messbereich von 0,1-100 Vol.-% Methan erfasst werden?

(3) Bei welchem Einsatzfall ist Kohlenstoffdioxid anzuzeigen?

(4) Bei welchem Einsatzfall ist neben der Dichtheitsprüfung auch der technisch betriebssichere Zustand zu beurteilen?

(5) Mit welchem Einsatzfall/Test kann man Erdgas und Faulgas unterscheiden?

(6) Bei welchen Einsatzfällen ist eine Empfindlichkeit von 1 ppm erforderlich?

(7) Bei welchem Einsatzfall ist ein Anzeigetest vor und nach der Arbeit durchzuführen?

(8) Wer legt die Intervalle zur Prüfung der Anzeigegenauigkeit fest?

(9) Was ist bei Hinweisen auf Brenngas im Zuge der planmäßigen Gasrohrnetzüberprüfung vor dem Bauwerk zu tun?

(10) Wie ist die Befundgrenze bei der Prüfung in und von Bauwerken?

5. Armaturenkontrolle

Hans Petrenz

➢ Lernziele

- Es sind verschiedene Armaturen im Einsatz, die Bedienung ist unterschiedlich.
- Die Funktions- und Dichtheitskontrolle ist Teil der Instandhaltung.
- Der Überprüfungszyklus definiert sich nach den DVGW-Arbeitsblättern G 465-1 und G 441.
- Durchführung der Funktionskontrolle

5.1 Allgemeines

Armaturen dienen dem Absperren einzelner Leitungsabschnitte und sind damit ein unerlässliches Bauteil der Gasversorgung. Dabei ist es gerade im Störungsfall bedeutsam, dass sie ihre Funktion auch erfüllen. Daher sind einige Anforderungen an die Instandhaltung der Armaturen im DVGW-Regelwerk verankert.

Grundsätzlich gibt es vier Bauarten (**Tabelle 5.1**). Dabei haben sich Schieber im Leitungsbau bis ca. DN 300 durchgesetzt (**Bild 5.1**). Kugelhähne kommen in der Regel aufgrund der geringeren Bauhöhe und der geringeren Betätigungskräfte zum Einsatz. Ventile werden meist nur in den Gasstationen zur Regelung des Gasstroms oder -drucks eingesetzt.

Die verschiedenen Bauarten unterscheiden sich auch in der Betätigung, so ist bei einem Kugelhahn ohne Getriebe eine Viertel-Umdrehung zwischen „Offen"- und „Geschlossen"-Stellung. Die Schieber haben dabei, bedingt durch die Steigung des Gewindes der Spindel, eine Gangzahl, also eine Anzahl an Umdrehungen zwischen

Tabelle 5.1: Abbildung aus DVGW-Arbeitsblatt G 441 „Armaturenarten"

Arbeitsweise des Abschlusskörpers	**Geradlinige Bewegung**		**Drehung um eine Achse quer zur Strömung**	
Strömungsrichtung im Abschlussbereich	quer zur Bewegung des Abschlusskörpers	in Richtung der Bewegung des Abschlusskörpers	durch den Abschlusskörper	um den Abschlusskörper
Schematische Darstellung	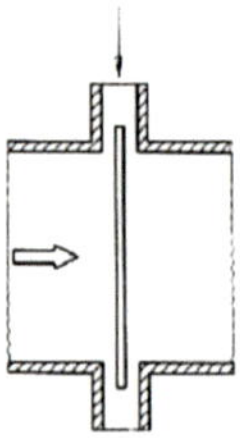	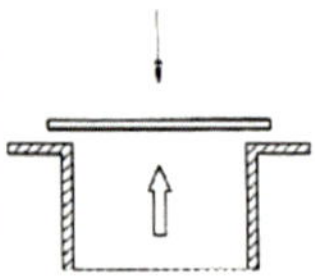	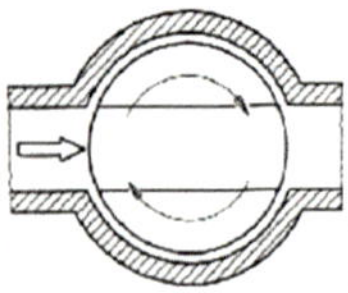	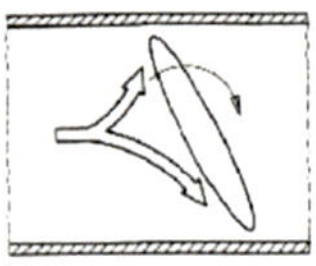
Grundbauarten	Schieber	Ventil	Hahn	Klappe und exzentrisches Drehkegelventil

Bild 5.1: Schieber Baujahr 1939 mit Stopfbuchse

offen und geschlossen. Bei größeren Drücken oder Nennweiten werden Armaturen mit einer „Block and Bleed"-Funktion eingesetzt. Diese können im Betrieb auf innere Dichtheit kontrolliert werden. Als äußere Dichtheit wird die Dichtheit zur Atmosphäre beschrieben. Als innere Dichtheit bezeichnet man die Erfüllung der Dichtfunktion für den Absperrbereich.

5.2 Art und Häufigkeit der Prüfungen

Neben den Gasleitungen sind auch die Armaturen einer Überprüfung zu unterziehen. Die Überprüfung auf äußere Dichtheit erfolgt entsprechend dem Turnus für die Leitung, in die die Armatur eingebaut ist. Dabei wird die oberirdische Überprüfung einfach entlang der Straßenkappen geführt. Der Turnus ergibt sich aus den Tabellen 1, 2 und 3 des DVGW-Arbeitsblatts G 465-1.

Zusätzlich zu den Armaturen sind die Hinweisschilder der Schieber zu überprüfen. Dabei sind sie auf Sichtbarkeit, richtigen Standort, Sauberkeit und Richtigkeit zu überprüfen. Sollten diese nicht in Ordnung oder nicht vorhanden sein, können sie entweder direkt auf Stand gebracht oder dem Netzbetreiber gemeldet werden. Gleiches gilt für den Zustand der Armaturenfelder, wenn diese stark verschmutzt sind oder sich Setzungen ergeben haben.

Zusätzlich zu dieser Überprüfung nach dem DVGW-Arbeitsblatt G 465-1 ist auch eine Funktionsprüfung nach dem DVGW-Arbeitsblatt G 441 erforderlich. Eine Wartung wird in der Regel nicht nötig sein, da die Armaturen als grundsätzlich wartungsfrei gelten. Eine Armatur muss ausgewechselt werden, wenn

- sie nicht mehr betätigt werden kann,
- das dazu notwendige Drehmoment weit über den üblichen Werten liegt oder
- die innere oder äußere Dichtheit nicht mehr akzeptabel ist.

Die Funktionsprüfung erfolgt durch eine entsprechende Fachkraft. Der Turnus kann entweder zustandsorientiert oder vorausbestimmt erfolgen. Bei der vorausbestimmten Instandhaltung sind die Überprüfungszeiträume nur vom Betriebsdruck abhängig. Die Zeiträume sind im DVGW-Arbeitsblatt G 441 festgelegt (**Tabelle 5.2**). Leitungen, die nach Technischen Normen, Gütevorschriften und Lieferbedingungen in der DDR oder anderen Regelwerken errichtet worden sind, sind nach den Vorgaben der jeweiligen Regelwerke zu überprüfen.

Tabelle 5.2: Vorausbestimmte Überprüfungszeiträume nach DVGW-Arbeitsblatt G 441

Betriebsdruck	Maßnahmen	Anlagenteile	Häufigkeit
> 16 bar	Funktions-/[a] Dichtheitskontrolle[b]	Armaturen	1 x jährlich
5 bar < p ≤ 16 bar	Funktions-/[a] Dichtheitskontrolle[b]	Armaturen	1 x jährlich
≤ 5 bar	Funktionskontrolle und äußere Dichtheit	alle Armaturen	alle 6 Jahre
≤ 5 bar	Funktionskontrolle und äußere Dichtheit	Hauptabsperr-einrichtungen (HAE)	alle 12 Jahre

[a] Die Funktionalität von LSE-Armaturen (Leitungssperreinrichtung) ist bezüglich Signalübertragung „end to end“ zu prüfen

[b] Dichtheitskontrollen nur bei Armaturen mit Block- and Bleed-Funktion, zur Beurteilung der Dichtheit im Durchgang

Bei der zustandsorientierten Instandhaltung ist das Intervall abhängig von dem Betätigungsdrehmoment, dem Staubbefall des Netzes und der inneren Dichtheit. Der Netzbetreiber kann also Informationen über jede seiner Armaturen sammeln und diese dann auswerten. Dann erhält er sein neues Intervall bis zur nächsten Wartung. Die Entscheidung über zustandsorientierte oder vorausbestimmte Instandhaltung muss unter verschiedenen Gesichtspunkten wie Netztopografie, Anzahl und Art der Armaturen und Personalkapazitäten getroffen werden.

Die Überprüfung beinhaltet eine Funktions- und Dichtheitskontrolle, bei Armaturen ohne „Block and Bleed“[1] nur die äußere Dichtheitskontrolle. Im Bedarfsfall kann die innere Dichtheit solcher Armaturen über eine Netzsegmentierung und Messung des Druckanstiegs erfolgen.

1 „Block and Bleed“ bedeutet Absperren und Ablassen; Armaturen mit dieser Funktion können ohne Versorgungsunterbrechnung auf innere Dichtheit geprüft werden.

Bild 5.2: Planwerk prüfen

Im Folgenden werden die verschiedenen Schritte einer Funktionskontrolle praxisnah beschrieben:

- Verkehrssicherung des Armaturenplatzes durchführen.
- Kontrolle des Planwerks (**Bild 5.2**), anschließend Rücksprache mit der Netzleitstelle halten, ob die Armatur ggf. nur etwas auf- und wieder zugedreht werden soll. (**Hinweis**: Wenn die Netztopografie es zulässt, bietet es sich an, die Armatur über den vollen Hub zu kontrollieren. So kann geprüft werden, ob ggf. Ablagerungen die Schließstellung behindern.)
- Orientierung anhand der Dokumentation des Armaturenkreuzes:
  - Identifikation der Armaturen
  - Gangzahl in [n]
  - Maximale Drehmomente in [Nm]
  - Drehmomente der letzten Kontrolle in [Nm]
  - Gemessene Gaskonzentrationen der letzten Kontrolle in [ppm]
  - Bei „Block and Bleed" die Dichtheit der letzten Kontrolle in [m³/h]
- Die maximalen Drehmomente dienen dem Schutz der Armatur, hier besteht die Gefahr des Spindelabrisses. Sie liegen in der Regel weit über den realen Drehmomenten.

- Den Armaturenplatz auf Setzungen, beschädigte Straßenkappen, äußere Einflüsse wie Fahrspuren, starken Bewuchs und die Umgebung inspizieren.
- Die Armaturen auswählen, ggf. mittels Metalldetektor ausfindig machen.
- Die Straßenkappe von Bewuchs und Sand freimachen und mit einem geeigneten Werkzeug öffnen (**Bild 5.3**). Eine ggf. klemmende Straßenkappe kann mittels Hammerschlag auf die Seite geöffnet werden.
- Die äußere Dichtheit mittels Gaskonzentrationsmessgerät kontrollieren.
- Den Sitz der Straßenkappe und der Armatur inspizieren, ggf. auf Warnschilder prüfen, wie z. B. „Achtung Schieber nicht betätigen".
- Wenn möglich, die Armatur auf ihre Schaltstellung gemäß des festgelegten Betriebszustands kontrollieren.
- Die sichtbaren Teile auf Korrosion prüfen.
- Den Schieber auf seine Abdichtung prüfen. Beim Einsatz einer Stopfbuchse muss diese etwas gelöst werden, um Schäden an der Spindel und der Stopfbuchse zu vermeiden und die Drehmomente nicht zu verfälschen.
- Den Armaturenschlüssel aufsetzen und mittels Drehmomentenschlüssel das Ablöse- und Dauerdrehmoment bestimmen (**Bild 5.4**).
- Die Armatur entsprechend ihrer Gangzahl und festgelegten maximalen Öffnung/Schließung hin- und zurückdrehen. Manche Schieberdrehmaschinen verfügen auch

Bild 5.3: Eingewachsene Straßenkappe

über ein Zählwerk x, hier ist beim Einsatz externer Getriebe Obacht geboten (**Bild 5.5** und **Bild 5.6**).

- Bei der Abdichtung durch eine Stopfbuchse; diese wieder anziehen.
- Zur erneuten Kontrolle der äußeren Dichtheit die Straßenkappe kurzzeitig schließen und anschließend kurz nach dem Öffnen mittels Gaskonzentrationsmessgerät überprüfen. Sollte hier Gas gemessen werden, kann ein vorsichtiges Nachziehen der Stopfbuchse Abhilfe schaffen. Ansonsten ist die Undichte dem Netzbetreiber zu melden.
- Dokumentation:
  - Inspektionsergebnis
  - Ablösedrehmoment in [Nm]
  - Dauerdrehmoment in [Nm]
  - Äußere Dichtheit vorher und nachher in [ppm]
  - Bei „Block and Bleed" innere Dichtheit in [m³/h]
  - Ggf. Ergebnis des Vollhubtests.

Zusätzlich befinden sich in den Rohrleitungen und Armaturenplätzen noch weitere Einbauteile wie Ausbläser, Molchschleusen, Kondensatsammler oder Odormessstellen. Diese sind in Anlehnung an die beschriebene Funktionskontrolle zu kontrollieren. Bei

Bild 5.4: Armaturenschlüssel

Bild 5.5: Einsatz einer pneumatischen Schieberdrehmaschine

Bild 5.6: Elektrische Schieberdrehmaschine mit Zählwerk

Bild 5.7: Drehplattenschieber

Ausbläsern beschränkt sich diese z. B. auf die äußere Dichtheit und die Inspektion auf Setzungen und Korrosion. Die zugeordnete Armatur kann bei Bedarf über den Ausbläser auf innere Dichtheit geprüft werden.

Zur Entleerung von Kondensatsammlern können Drehplattenschieber zum Einsatz kommen (**Bild 5.7**). Diese besitzen, abhängig von der Bauart, in der Regel einen selbstentlastenden Stopfen und den konischen Vierkant zur Bedienung.

Weiterhin gibt es noch elektrisch angetriebene Armaturen. Bei diesen ist es empfehlenswert, sie schon bei der Planung mit einem Umgang auszurüsten, da durch ein erhöhtes Drehmoment der Motorschutz ausgelöst werden kann. Anschließend ist es bauartabhängig, ob die Armatur noch manuell betätigt werden kann. Hier ist bei der Funktionskontrolle noch die Funktion der Endschalter vorgeschrieben – ein weiteres Argument für den Umgang. Die Schritte der Funktionskontrolle sind sinngemäß anzuwenden, die Betätigung erfolgt per Hand oder durch die Netzleitstelle.

Die HAE ist auch der Armaturenkontrolle zu unterziehen. Dabei werden folgende Punkte kontrolliert:

- Äußere Dichtheit
- Sichtkontrolle Zustand, Korrosion
- Gangbarkeit.

✎ Exemplarische Fragen zur Selbstkontrolle

(1) Was ist bei der Armaturenkontrolle von Schiebern zu beachten?

(2) Welche Qualifikation ist erforderlich, um die Armaturenkontrolle oder die Überprüfung der innenliegenden Teile des Netzanschlusses durchzuführen?

(3) Welches Regelwerk legt den Überprüfungszeitraum für die oberirdische Überprüfung von Armaturen fest?

(4) Nach welchem Zeitraum werden nach DVGW-Regelwerk errichtete Hauptabsperreinrichtungen überprüft?

(5) Welche Punkte werden bei der Armaturenkontrolle der Hauptabsperreinrichtung kontrolliert?

(6) Worin liegt der Unterschied bei der Betätigung eines Schiebers und eines Kugelhahns?

(7) Wann muss eine Armatur ausgewechselt werden?

6. Freiverlegte Gasleitungen auf Werksgelände (G 614-2)

Stefan Hoffmann

➢ Lernziele

- Der Überprüfer ist zu qualifizieren.
- Der Unterschied der zugelassenen Messtechniken muss klar sein.
- Der Überprüfer muss die Rahmenbedingungen auf dem Werksgelände kennen.
- Der Arbeitsumfang ist zu klären.
- Der Überprüfer muss den richtigen Einsatzfall wählen können.
- Die Hilfsmittel zur Überprüfung müssen bekannt und vorhanden sein.
- Er muss die Klassifikation von Leckstellen (Schäden) an freiverlegten Leitungen beherrschen.
- Ebenso sind die konstruktiven Mängel zu klassifizieren.
- Die Erstellung einer lückenlosen Dokumentation muss gewährleistet sein.
- Das Abschlussgespräch dient der Erklärung der durchgeführten Arbeiten.

6.1 Allgemeines

Freiverlegte Erdgasleitungen auf Werksgelände unterliegen gemäß Energiewirtschaftsgesetz bis zur letzten Absperrarmatur vor der Verbrauchseinrichtung dem DVGW-Regelwerk. Die Mindestüberprüfungszeiträume dieser Erdgasleitungen werden im DVGW-Arbeitsblatt G 614-2 Tabelle 1 geregelt (**Tabelle 6.1**).

Die Leckstellenhäufigkeit bei freiverlegten Erdgasleitungen auf Werksgelände unterscheidet sich gegenüber der von erdverlegten Leitungen, da sie auf die Länge von 100 m geprüften Rohrleitungsnetzes berechnet wird. Auch freiverlegte Leitungsnetze können in Überprüfungsabschnitte aufgeteilt werden. Hierbei können

Tabelle 6.1: Tabelle 1 aus DVGW-Arbeitsblatt G 614-2 „Mindestüberprüfungszeiträume für freiverlegte Erdgasleitungen auf Werksgelände“

Leckstellenhäufigkeit pro 100 m[1]	**≤ 0,1**	**≤ 0,5**	**≤ 1**
Betriebsdruck (bar)	Überprüfungszeitraum in Jahren		
≤ 1[2]	6	4	2
>1 bis ≤ 5	4	2	1
> 5 bis ≤ 16	2	1	0,5
> 16	1[3]		

[1] Rohrleitungslängen kleiner 100 m werden als 100 m gerechnet
[2] Es ist unzulässig, eine Leckstelle an einer Leitung ≤ 1 bar, die der häuslichen oder vergleichbaren Anwendungen zuzuordnen ist, gemäß dieser Tabelle zu klassifizieren. Es gelten ausschließlich die Überprüfungsarten und Überprüfungszeiträume des DVGW-Arbeitsblattes G 600
[3] Festlegung durch den Sachverständigen

Gebäudegrenzen genutzt werden. Sofern der Wert der Leckstellenhäufigkeit über 1 liegt, sind außerplanmäßige Überprüfungen durchzuführen.

Ist das in den freiverlegten Leitungen transportierte Erdgas ohne Odorierung, sind die Überprüfungsfristen zu verkürzen oder andere geeignete Maßnahmen (z. B. stationäre Gaswächter anbringen) zu ergreifen. Erdgas auf Werksgelände muss nicht odoriert sein, wenn es als Prozessgas in der Produktion verwendet wird. Sind im Werksnetz aber auch Bürogebäude oder das Pförtnerhaus angeschlossen, handelt es sich an diesen Stellen um häusliche Anwendung, bei denen eine Odorierung gefordert ist (TRGI) bzw. andere geeignete Maßnahmen zu ergreifen sind.

Die Überprüfung von freiverlegten Erdgasleitungen auf Werksgelände umfasst die Überprüfung auf Dichtheit und den Vergleich zwischen Soll- und Ist-Zustand der gesamten Leitungsanlage, auch Inspektion genannt. Hier unterscheidet sich die Überprüfung von freiverlegten Leitungen mit der Überprüfung erdverlegter Leitungen, da der Überprüfer auch Erfahrungen zur Beurteilung der Bauweise von freiverlegten Leitungsanlagen haben muss.

Zusätzlich zu den Mindestüberprüfungszeiträumen, die für bereits bestehende Anlagen anzuwenden sind, gilt:

- Neu-Anlagen sind bereits ein Jahr nach Inbetriebnahme zum ersten Mal zu überprüfen
- Es ist jährlich eine Sichtkontrolle der freiverlegten Leitungen durchzuführen.

6.2 Qualifikation des Überprüfungspersonals

Erdgasleitungsanlagen dürfen nur durch qualifizierte Unternehmen (z. B. Vertragsinstallationsunternehmen[1], Rohrleitungsüberprüfungsunternehmen[2]) oder Netzbetreiber instandgehalten werden. Diese Arbeiten können auch durch fachlich qualifiziertes Eigenpersonal des Betreibers durchgeführt werden, sofern eine entsprechende Qualifikation vorhanden ist (aus DVGW-Arbeitsblatt G 614-2, Abschnitt 5).

Selbst ein erfahrener Gasspürer, der bisher erdverlegte Leitungen überprüft hat, kann nicht als Überprüfer von freiverlegten Leitungen eingesetzt werden, wenn er den baulichen Zustand der Leitungsanlage nicht beurteilen kann.

Um diese Qualifikation nachzuweisen, empfiehlt es sich, eine „Sachkundigenschulung für Tätigkeiten an freiverlegten Erdgasleitungen auf Werksgelände gemäß DVGW-Arbeitsblätter G 614-1 und G 614-2" zu besuchen.

6.3 Vorbereitende Tätigkeiten bei der Überprüfung von freiverlegten Leitungen auf Werksgelände

Zu Beginn der Arbeiten ist neben einer Sicherheitsunterweisung des beauftragenden Betriebes mit dem Betreiber der Anlage oder dessen Stellvertreter zu klären, wann

---

1 VIU im Installateursverzeichnis des vorgelagerten Netzbetreibers eingetragen
2 Zertifiziert nach DVGW-G 468-1

eine letzte Überprüfung der Anlage stattgefunden hat und ob die Schäden (Leckstellen) und Mängel der letzten Überprüfung abgestellt wurden. Es ist festzulegen, ab welcher Konzentration eine Leckstelle als solche angegeben wird und wie mit akuten Schäden und Mängeln umzugehen ist, da das Personal des Betreibers der Erdgasanlage auf Werksgelände nicht zwingend mit dem DVGW-Regelwerk vertraut ist.

Der Arbeitsumfang ist zu besprechen und die Zuständigkeitsgrenzen innerhalb des Werksgeländes müssen festgelegt werden, z. B. beim Übergang in andere Produktionshallen oder bei der Überprüfung von angeschlossenen Thermoprozessanlagen nach EN 746-2, die zusätzlich zur Überprüfung des Werksnetzes auf Grundlage des DVGW-Regelwerkes überprüft werden sollen. Zur besseren Dokumentation ist eine Fotografiergenehmigung für das Werksgelände erforderlich. Diese vorbereitenden Tätigkeiten sind schriftlich festzuhalten und erleichtern den späteren Arbeitsablauf.

6.4 Überprüfung der Dichtheit / Anwendungsfall Prüfung freiverlegte Leitung

Die Überprüfung der Dichtheit kann mit Gerätetechnik nach DVGW-Hinweis G 465-4 oder schaumbildenden Mitteln gemäß DIN EN 14291 durchgeführt werden. Da eine spätere Klassifikation der Leckstellen an freiverlegten Leitungsanlagen mit schaumbildenden Mitteln jedoch nicht möglich ist, wird die Nutzung von Gasspürgeräten empfohlen. Unter Zuhilfenahme von Teleskopsonden sind mit diesen Geräten auch Leitungen in einer Höhe von bis zu 6 m problemlos zu überprüfen (**Bild 6.1**). Zu beachten ist, dass aufgrund der Länge des Ansaugweges, eine Anzeige am Gasspürgerät um einige Sekunden verzögert auftritt. Dies gilt auch für die Aufgabe von Prüfgas vor Beginn und nach Abschluss der Arbeiten. Sind Leitungen in höheren Bereichen verlegt, empfiehlt sich der Einsatz von Gelenk-Teleskop-Arbeitsbühnen, von denen man diese Erdgasleitungen erreichen kann. Hierzu ist eine Arbeitsbühnenbedienerschulung notwendig, die mit einer IPAF PAL-Card (Führerschein für Arbeitsbühnen) abgeschlossen wird. Diese Arbeitsbühnen sind oftmals auf dem Werksgelände vorhanden und können nach einer Unterweisung genutzt werden. Sie sind nur in Kombination mit einer persönlichen Schutzausrüstung gegen Absturz (PSAgA) zu nutzen.

Die Gaskonzentrationsmessgeräte werden für die Überprüfung mit dem Einsatzfall „Prüfung freiverlegte Leitungen" gemäß DVGW-Hinweis G 465-4 betrieben.

Eine weitere Möglichkeit der Überprüfung auf Dichtheit ist die Nutzung von aktiver Infrarotspektroskopie (Laser). Für diesen Einsatz ist es zwingend erforderlich, dass der Laserstrahl reflektiert werden kann. Dies ist bei der Überprüfung von freiverlegten Außenleitungen nur mit erhöhtem Aufwand machbar (z. B. Überprüfung von einer Arbeitsbühne oberhalb der Leitung), ebenso ist in stark verschmutzten Produktionshallen eine Reflektion nicht immer gewährleistet. Zudem ist auf geringe Windgeschwindigkeiten zu achten, damit Gaskonzentrationen im Außenbereich nicht weggeweht werden. Die aktuell auf dem Markt erhältlichen Geräte warnen den Anwender bei zu geringer Qualität der Reflektion. Gemessen wird in der Einheit ppm*m, was bedeutet, dass bei der Messung nicht nur die Gaskonzentration eine

Bid 6.1: Überprüfer mit Teleskopsonde (Quelle: Hermann Sewerin GmbH)

Bild 6.2: Einsatz der Infrarotspektroskopie (Quelle: Hermann Sewerin GmbH)

Einflussgröße ist, sondern auch die Größe (Durchmesser) der Gaswolke, durch die der Laserstrahl gemessen hat.

So entsprechen 5.000 ppm*m beispielsweise

- 50.000 ppm bei einem Gaswolkendurchmesser von 0,1 m oder
- 5000 ppm bei einem Gaswolkendurchmesser von 1 m oder
- 500 ppm bei einem Gaswolkendurchmesser von 10 m.

Bei der Überprüfung mit aktiver Infrarotspektroskopie (**Bild 6.2**) können deutliche Gasleckagen oder in der Nähe der Leckstelle befindliche Gaswolken ausfindig gemacht werden. Es ist immer eine Lokalisation der Leckstelle mit einem Gaskonzentrationsmessgerät mit Pumpe oder Diffusion notwendig.

Die Überprüfung auf Dichtheit beinhaltet die Überprüfung von lösbaren und nicht lösbaren Rohrverbindungen. Ebenso sind optische Auffälligkeiten an den Rohrleitungen wie z. B. Korrosionsstellen mit dem Gaskonzentrationsmessgerät zu überprüfen.

6.5 Überprüfung auf konstruktive Mängel / Soll-Ist-Vergleich

Neben der Überprüfung auf Dichtheit ist bei der Inspektion der freiverlegten Leitungsanlage auch auf den konstruktiven Zustand der Anlage zu achten. Folgende Punkte sind u. a. in die Überprüfung einzubeziehen:

- Vorhandensein von aktuellem Planwerk
- Absperreinrichtungen sind leicht zu erreichen und zu bedienen
- Potentialausgleich zwischen verschiedenen Gebäuden vorhanden
- Dauerhaft dichte Verwahrung von außer Betrieb genommenen Leitungsabschnitten; eine geschlossene Absperreinrichtung gilt nicht als dichter Verschluss
- Unzulässige Belastungen an der Erdgasleitung

- Einbau regelwerkskonformer Bauteile
- Zustand und Abstand der Rohrbefestigungen
- Korrosionsschutz sowie Kennzeichnung der Rohrleitungen nach RAL 1003 / RAL 3001 mit Banderolen und Gefahrstoffsymbolen („leicht-/hochentzündlich" und „komprimierte Gase")
- Wand- und Deckendurchführungen in ordnungsgemäßem Zustand (Brandschutz).

Die Erfahrung zeigt, dass diese Liste nicht vollständig sein kann. Es werden immer wieder konstruktive Mängel bei der Überprüfung von freiverlegten Leitungen festgestellt, die den nicht vorhandenen technischen Sachverstand beim Bau der Leitungsanlage aufdecken. Grundsätzlich gilt: Es ist für den baulichen Zustand der Anlage zwingend notwendig, dass ein Nachweis der Regelwerkskonformität zum Zeitpunkt des Baues der Leitungsanlage existent ist. Ist dieser nicht vorhanden, darf eine Leitungsanlage nicht mehr weiter betrieben werden. Das technische Regelwerk kann immer nur beschreiben, wie eine Leitungsanlage zu bauen ist, und beschreibt nicht, „wo es steht, dass man das so nicht bauen darf" (O-Ton Industriekunden).

6.6 Klassifikation von Leckstellen an freiverlegten Erdgasleitungen

Jede aufgefundene Leckstelle an freiverlegten Erdgasleitungen auf Werksgelände ist gemäß DVGW-Arbeitsblatt G 614-2 zu klassifizieren. Hierbei ist es notwendig zu wissen, welche Konzentration in der Umgebung von 10 cm Entfernung von der aufgefundenen Leckstelle gemessen wird. Dies bedeutet, dass der Überprüfer den Nachweis erbringen muss, ob sich im Umfeld der Leckage eine Gaswolke mit einer Gaskonzentration gebildet hat. Zusätzlich ist auf kleinere Hohlräume (Einhausungen, Schaltschränke, o. ä.) zu achten, in denen sich Erdgas sammeln kann. Die Leckstellen werden in drei Klassen unterteilt, die sich mit der Bezeichnung L1-L3 von den Bezeichnungen aus der Klassifikation von erdverlegten Leckklassen unterscheiden.

Aufgrund der Klassifikation der Leckklassen ergeben sich nach dem Klassifizierungs- und Bewertungsschema nach Tabelle 2 aus dem DVGW-Arbeitsblatt G 614-2 in Zusammenhang mit der Tabelle aus dem informativen Anhang B[3] die in **Tabelle 6.2** dargestellten Zusammenhänge.

Zu beachten ist hier, dass die Gegebenheiten zum Zeitpunkt des Auffindens der Leckstelle ausschlaggebend sind, wie klassifiziert wird. **Bild 6.3** zeigt ein Beispiel einer Klassifikation einer Leckstelle an einer freiverlegten Erdgasleitung auf Werksgelände.

Werden bei einer Leckstelle in 10 cm Entfernung weniger als 10 ppm gemessen, so empfiehlt es sich, diese Leckstellen ebenfalls als L 3 zu klassifizieren.

[3] Aufgrund der unterschiedlichen Umgebungs- und Einbauvoraussetzungen ist es unzulässig, diese Vorgehensweise bzw. die orientierenden Konzentrationswerte auf die Überprüfung von Gasinstallationen in der häuslichen oder vergleichbaren Anwendung zu übertragen.

Tabelle 6.2: Klassifizierungs- und Bewertungsschema für Undichten an freiverlegten Leitungen (aus DVGW G 614-2)

Leck-klasse	Befund	Konzentrationsmessung in 10 cm Entfernung von der Leckstelle[4]	Maßnahme	Überprüfung	Beginn der Instandsetzung
L 1	Befund, der eine akute Gefährdung während des Betriebes darstellt oder Befund im Hohlraum	≥ 5000 ppm bzw. 0,5 Vol. % (Methan)	Sicherungsmaßnahmen treffen, Gefahr beseitigen	-	unverzüglich
L 2	Befund, der eine Gefährdung während des Betriebes erwarten lässt	200 ppm bis < 5000 ppm bzw. 0,5 Vol. % (Methan)	Sicherungsmaßnahmen treffen, Gefahr beseitigen	wöchentlich, ab erster Nachkontrolle nach Bedarf	spätestens einen Monat nach Feststellung
L 3	Befund, ohne direkte Auswirkung auf die Betriebssicherheit der Anlage	10 ppm bis < 200 ppm (Methan)	Schadensbeseitigung veranlassen	monatlich	innerhalb eines Jahres

[4] Die angegebenen Werte beziehen sich auf Pumpenmessgeräte mit 50 l/h Ansaugvolumen.

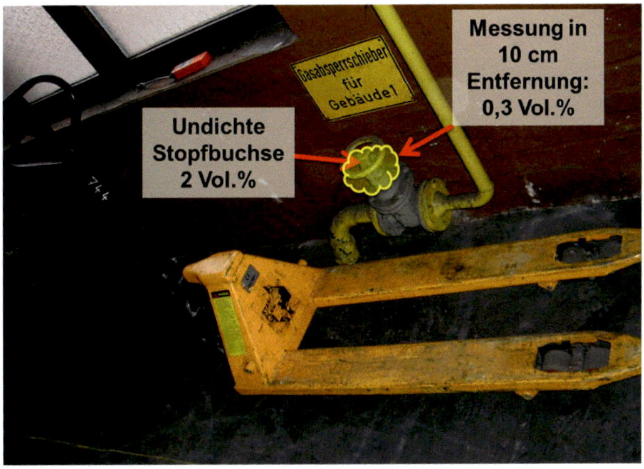

Bild 6.3: Beispiel einer Klassifikation einer Leckstelle an einer freiverlegten Erdgasleitung auf Werksgelände – hier mit der Klassifikation L 2 (bauliche Mängel wurden hier nicht betrachtet); (Quelle: Hermann Sewerin GmbH)

6.7 Klassifikation von konstruktiven Mängeln an freiverlegten Erdgasleitungen

Neben der Klassifikation von Leckstellen beschreibt das DVGW-Arbeitsblatt G 614-2 auch die Klassifikation von konstruktiven Mängeln. Wie bereits erwähnt, benötigt der durchführende Überprüfer Erfahrung in der Klassifikation von konstruktiven Mängeln, da es sich um eine rein objektive Beurteilung handelt. Was das Bewertungs- und

Tabelle 6.3: Klassifizierungs- und Bewertungsschema für bauliche Mängel an freiverlegten Leitungen (aus DVGW G 614-2)

Mangel-klasse	Mangelart	Maßnahme	Über-prüfung	Beginn der Instandsetzung
K 1	bauliche Mängel, die eine akute Gefährdung während des Betriebes darstellen (z. B. nicht verwahrte Leitungsenden)	Sicherungs-maßnahmen treffen, Gefahr beseitigen	-	unverzüglich
K 2	bauliche Mängel, die eine Gefährdung während des Betriebes erwarten lassen (z. B. starke Korrosion, fehlende Halterungen, nicht zugelassene Schlauchleitung)	Sicherungs-maßnahmen einleiten	nach Bedarf bis zur Instand-setzung	mit Vorlage des Überprüfungs-berichtes
K 3	bauliche Mängel, ohne direkte Auswirkung auf die Betriebssicherheit der Anlage (z. B. farbliche Kennzeichnung, Halterungen, Auflager, Wanddurchführungen)	in Reparatur- oder Instand-haltungsplan aufnehmen	nach Bedarf	innerhalb eines Jahres

Bild 6.4: Erdgasleitung ohne ordnungsgemäße Verwahrung – Klassifikation K 1 (Quelle: Hermann Sewerin GmbH)

Bild 6.5: Unzulässige Belastung – Klassifikation bei einer Halterung K 2, bei mehreren aufeinander folgenden Halterungen K 1 (Quelle: Hermann Sewerin GmbH)

Klassifizierungsschema aus G 614-2 vorgibt, zeigt **Tabelle 6.3**. **Bild 6.4** und **Bild 6.5** stellen exemplarisch Situationen aus der Praxis vor, die zu entsprechenden Klassifikationen geführt haben.

Bei der Überprüfung auf konstruktive Mängel ist neben der Sichtprüfung auch zu überprüfen, ob Bauteile fest miteinander verschraubt sind bzw. ob alle Schrauben in den vorhandenen Flanschen fest verschraubt sind. Befestigungen von Halterungen der Rohrleitung sind ebenso zu kontrollieren.

6.8 Dokumentation

Eine Überprüfung ohne Dokumentation ist eine nicht durchgeführte Überprüfung, deshalb muss während der Arbeiten eine Mangel- und eine Schadensliste mit den Angaben

- Datum,
- Lage der Leitung,
- Ort des Mangels / Schadens und
- Klassifikation

geführt werden. Zusätzlich sind in der Schadensliste Spalten enthalten, die die Angabe der Konzentration an der Leckstelle und in 10 cm Entfernung enthalten. Neben dieser Auflistung sind die Mängel und Schäden mit Hinweiskarten (**Bild 6.6**) an der Leitung zu markieren und die fortlaufende Nummerierung in das Planwerk einzutragen. Für den Überprüfer empfiehlt es sich, die Dokumentation der Überprüfung tagesaktuell zu halten und akute Schäden oder Mängel (L 1 bzw. K 1) schriftlich an den Betreiber oder seinen Stellvertreter zu melden und gegenzeichnen zu lassen. Sofern ein aktuelles Planwerk vorhanden ist, sind die überprüften Leitungsteile dort abzustreichen. Mängel,

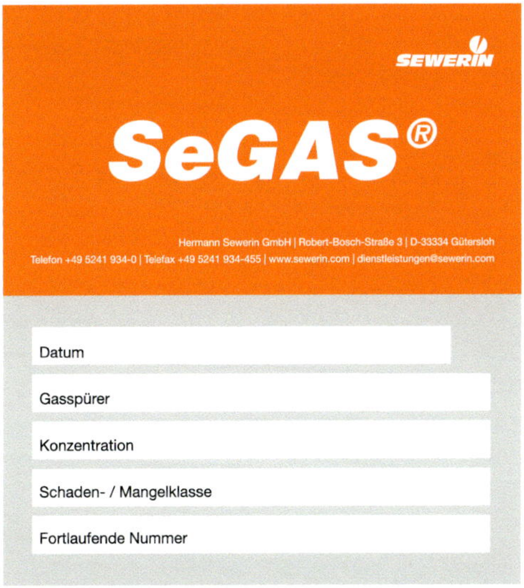

Bild 6.6: Hinweiskarte zur Kennzeichnung von Mängeln / Schäden (Quelle: Hermann Sewerin GmbH)

die in erhöhter Zahl an verschiedenen Stellen des Leitungsnetzes aufgefunden wurden, beispielsweise nicht zulässige Armaturen gleicher Bauart, können zusammengefasst dokumentiert werden.

Zum Ende der Arbeiten ist mit dem Betreiber der Anlage ein Abschlussgespräch zu vereinbaren, in dem dem Auftraggeber die Dokumentation vorgestellt wird. Bei einer Erstüberprüfung der Erdgasleitungen auf Werksgelände kann dieses Gespräch zusätzlich mit dem verantwortlichen Fachmann des Überprüfungsunternehmens oder seines Stellvertreters geführt werden, um die Notwendigkeit der Reparatur der vorgefundenen Schäden/Mängel zu unterstreichen.

Abschließend wird durch den verantwortlichen Fachmann des Überprüfungsbetriebes ein Prüfbericht erstellt, aus dem hervorgeht, welche Bereiche durch welchen Mitarbeiter auf dem Werksgelände wann überprüft wurden, wie viele Schäden und Mängel, getrennt nach Klassifikation, aufgefunden wurden, wie und mit welchen Geräten die Arbeiten durchgeführt wurden und welcher Überprüfungsturnus sich durch die ermittelte Leckstellenhäufigkeit ergibt.

6.9 Zusammenfassung

Die Überprüfung von freiverlegten Erdgasleitungen auf Werksgelände kann nur von entsprechend qualifizierten Überprüfern durchgeführt werden, die neben der Suche nach Leckstellen auch die Beurteilung von konstruktiven Mängeln beherrschen müssen. Die Arbeiten auf einem Werksgelände sind mit den Arbeiten im öffentlichen Bereich nicht zu vergleichen, da es aufgrund von starkem Werkverkehr und Arbeiten in Höhen zu anderen Gefährdungen kommen kann. Hier ist es wichtig, dass die Überprüfer in diese Rahmenbedingungen unterwiesen sind und weiterhin werden. Bei den Überprüfungsarbeiten ist eine aussagekräftige, lückenlose Dokumentation zu erstellen, die die Reparatur der Schäden und Mängel vorbereitet. Zum Abschluss erhält der Industriekunde einen Prüfbericht, aus dem neben den Parametern der Überprüfung auch die ermittelte Leckstellenhäufigkeit und somit der Zeitpunkt der nächsten Überprüfung hervorgeht.

Exemplarische Fragen zur Selbstkontrolle

(1) Worauf ist beim Einsatz von aktiver Infrarotspektroskopie zu achten?
(2) Mit welchem Einsatzfall nimmt der Überprüfer das Gasspürgerät in Betrieb?
(3) Welche Hilfsmittel sind bei Arbeiten auf Werksgelände einzusetzen?
(4) Worauf ist bei der Überprüfung neben der Leckstellensuche noch zu achten?
(5) Nach welchen Kriterien werden Leckstellen an freiverlegten Leitungen klassifiziert?
(6) Wie nennen sich die drei Leckklassen?
(7) Wie nennen sich die drei Mängelklassen?
(8) Welche Rahmenbedingungen sind vor Beginn der Arbeiten zu klären?
(9) Wie sollte eine lückenlose Dokumentation durchgeführt werden?
(10) Welche Aussagen sollte aus einem Prüfbericht hervorgehen?

7. Auswertung der Gasrohrnetzüberprüfung

Hans Petrenz

➢ Lernziele

- Einteilung der Gasnetze in Überprüfungsabschnitte durch den Netzbetreiber
- Auswertung der Schadensstellen aus der Gasrohrnetzüberprüfung (GRNÜ) und aus Störungen zur Bildung der Leckstellenhäufigkeit einer Leitung
- Ableitung des neuen Überprüfungszyklus
- Eine gute Planung der Überprüfungsabschnitte hat erheblichen Einfluss auf die Kosten der GRNÜ
- Streckenkontrollen als Alternative zur oberirdischen Überprüfung außerhalb der Bebauung.

7.1 Überblick

In diesem Kapitel wird der Frage „Was passiert mit den Ergebnissen der Gasrohrnetzüberprüfung?" auf den Grund gegangen. Hinter der Abwendung der direkten Gefahr einer Leckstelle stehen auch weitere Auswertungen zum Schaden an sich und zum Zustand des Netzes. Dabei sind die Themen „Instandhaltungsstrategie" und „Netz- und Schadensdaten" eher für einen Netzbetreiber, als für eine Gasspürerprüfung interessant.

7.2 Instandhaltungsstrategie

Eine Instandhaltungsstrategie beschreibt alle Maßnahmen zum Erhalt der technischen Sicherheit des Gasnetzes. Die Instandhaltung kann eine Mischung aus korrektiven, vorausbestimmten und zustandsorientierten Maßnahmen sein. Korrektiv ist z. B. die Reparatur eines Baggerschadens, vorausbestimmt die jährliche Armaturenkontrolle und zustandsorientiert die planmäßige Überprüfung der Gasleitungen abhängig von der Leckstellenhäufigkeit. Die perfekte Instandhaltungsstrategie hängt ab vom Netz und der Unternehmensstrategie des Netzbetreibers, kann also nicht aus einem Lehrbuch oder von einem anderen Betreiber kopiert werden. Die Grundfrage dabei ist: Wie lange kann die Leitung oder Armatur wirtschaftlich betrieben werden und wann lohnt sich eine Rehabilitation? Dabei spielen folgende Faktoren eine Rolle:

- Wartungs-, Reparatur- und Erneuerungskosten
- Aufwendungen für wiederkehrende Prüfungen (GRNÜ)
- Vorhaltungskosten für Ersatzteile
- Häufigkeit und Dauer der Versorgungsunterbrechungen
- Kostensenkungspotentiale (Mitverlegung)
- Bedeutung der Leitung
- Betriebswirtschaftliche und strategische Investitionsmöglichkeiten.

Die Ausfallwahrscheinlichkeit einer Leitung steigt unabhängig vom Material mit ihrem Alter an. Irgendwann kann es also zu dem Punkt kommen, dass die ständige Reparatur kostenintensiver, als eine Rehabilitation wird. Auch die Aufwendungen für die

Überprüfung werden sich nach einer Rehabilitation verringern. Um nun das Optimum aus den zur Verfügung stehenden Mitteln und dem zu betreibenden Netz herauszuholen, muss das Netz gesamtheitlich betrachtet werden. Ziel ist es, den Rehabilitationsbedarf zu ermitteln und eine Prioritätenliste zu erarbeiten. Um eine Auswertung zu ermöglichen, muss einiges zur Netz- und Schadensstruktur bekannt sein, nicht zuletzt die Ergebnisse der GRNÜ.

7.3 Netz- und Schadensdaten

Die erforderlichen Daten sind im DVGW-Arbeitsblatt G 402 zusammengefasst. Dabei ist es in der heutigen Zeit der zunehmenden Digitalisierung üblich, diese in Geografischen Informationssystemen (GIS) oder Betriebsmittelinformationssystemen (BIS) vorzuhalten. Unabhängig vom Aufbau des Informationssystems sind die in **Tabelle 7.1** zusammengestellten Daten erforderlich.

Nun kann der Netzbetreiber die Daten analysieren und besonders gefährdete Gruppen herausfiltern. Zum Beispiel könnte herausgefiltert werden, dass die bitumenumhüllten Stahlleitungen die Schwachstelle im Netz des Betreibers sind. Die Rehabilitation dieser kann dann in der Langfrist- oder in der Mittelfristplanung berücksichtigt werden.

Tabelle 7.1: Daten zur Leitung oder Armatur

Daten zum Betriebsmittel	
Bestandsdaten	**Schadensdaten**
Länge, Bauteiltyp	Datum
Material, Wanddicke	Örtlichkeit
Nennweite	Fremdeinwirkung Ja/Nein
Verlegungsjahr	Klassifizierung
Leitungsart (Hausanschluss- oder Versorgungsleitung)	Schadensursache
Jahr und Art der Sanierung	Schadensart
Betriebsdruck	
Umhüllung	**Umgebungsdaten**
Verbindungstechnologie	Örtlichkeit
	Bodenart
Zustandsdaten	Abstand zur Bebauung
KKS-Messungen	Verkehrsbelastung
Aufgrabungen	Bodenbewegung
Leckstellenhäufigkeit	Überdeckung

Eine Analyse der Schadensursachen kann dann neue Erkenntnisse für die neue Errichtung von Leitungen generieren. Hier sind die Schadensdaten auch von allen Netzbetreibern gemäß DVGW-Arbeitsblatt G 410 an den DVGW zu melden. Dieser führt eine deutsche Schadensstatistik und leitet entsprechende Maßnahmen und Forschungsvorhaben ab.

7.4 Auswertung der Gasrohrnetzüberprüfung

Als Ergebnis der Gasrohrnetzüberprüfung meldet der Gasspürertrupp die gefundenen Schäden zurück. Diese wertet der Betreiber aus und bildet die neue Leckstellenhäufigkeit. Aus dieser werden die neuen Überprüfungszeiträume für das Netz abgeleitet. Dabei ist es sinnvoll, das Netz in Überprüfungsabschnitte einzuteilen. Hier können auffällige Leitungen von unauffälligen Leitungen getrennt werden. So kann der Überprüfungsaufwand bei besserem Sicherheitsniveau erheblich gesenkt werden. Die Einteilung der Überprüfungsabschnitte berücksichtigt folgende Randbedingungen:

- Versorgungsleitungen sind mit den Netzanschlussleitungen zu überprüfen.
- Es müssen sinnvolle Begehungsrouten für die Gasspürer möglich sein, geografisch zu sehr zerstückelte Überprüfungsabschnitte erhöhen durch Fahrtkosten die Kosten.
- Beim Einsatz von Streckenkontrollen als Alternative zur oberirdischen Überprüfung außerhalb der Bebauung müssen die örtlichen Gegebenheiten das zulassen.
- Der regelwerkskonforme Überprüfungszeitraum einer Leitung darf nicht durch die Einteilung in einen anderen Überprüfungsabschnitt gestreckt werden.

Tabelle 7.2: Ermittelte Leckstellenhäufigkeit des Beispielnetzes

innerhalb Bebauung	**Leitungslänge [km]**	**Druckstufe [bar]**	**Leckstellen [1]**	**Leckstellenhäufigkeit [1/km]**
Stahl	780	≤ 1	420	0,54
PE	1220	≤ 1	240	0,2
PE	860	> 1 bis ≤ 5	120	0,14
Stahl	20	> 5 bis ≤ 16	1	0,05
außerhalb Bebauung	**Leitungslänge [km]**	**Druckstufe [bar]**	**Leckstellen [1]**	**Leckstellenhäufigkeit [1/km]**
Stahl	20	≤ 1	3	0,15
PE	120	≤ 1	65	0,54
PE	1200	> 1 bis ≤ 5	128	0,11
Stahl	600	> 5 bis ≤ 16	12	0,02
Leitung	**Leitungslänge [km]**	**Druckstufe [bar]**	**Leckstellen [1]**	**Leckstellenhäufigkeit [1/km]**
Gesamtnetz	4820	≤ 16	989	0,21

Tabelle 7.3: Varianten der Überprüfungsabschnitte

Varianten	Leitungslänge [km]	Druckstufe [bar]	Leckstellenhäufigkeit [1/km]	Prüfturnus [a]	Jährliche Überprüfung [km]	[OÜ] oder [S]
Variante 1 Gesamtnetz	4820	≤ 16	0,21	1	**4820**	[OÜ]
Variante 2 Unterteilung nach Druckstufen	2140	≤ 1	0,34	4	**2185**	[OÜ]
	2060	> 1 bis ≤ 5	0,12	2		
	620	> 5 bis ≤ 16	0,02	1		
Variante 3 Unterteilung nach Druckstufen und innerhalb	2000	≤ 1	0,33	4	**950**	[OÜ]
	860	> 1 bis ≤ 5	0,14	2		
	20	> 5 bis ≤ 16	0,05	1		
und außerhalb der Bebauung	140	≤ 1	0,49	1/3	**7760**	[S]
	1200	> 1 bis ≤ 5	0,11	1/3		
	600	> 5 bis ≤ 16	0,02	1/3		
Streckenkontrolle [S], oberirdische Überprüfung [OÜ]						

Die Auswertung der Gasrohrnetzüberprüfung wird nach dem Erscheinen des neuen Arbeitsblatts G 465-1 in 2019 bei jedem Verteilnetzbetreiber nach einem neuen Muster erfolgen müssen. Um dem unterschiedlichen Gefährdungspotential gerecht zu werden, erfolgt nun auch eine Unterteilung von Leitungen innerhalb und außerhalb der Bebauung. Dies ermöglicht auch im Bereich der Leitungen mit einem Betriebsdruck unter 5 bar unter gewissen Bedingungen auf Streckenkontrollen zurückzugreifen. So können die Ressourcen auf wichtige Bereiche konzentriert werden. Um die Auswertung zu ermöglichen, muss der Abstand zur Bebauung aller Leitungsabschnitte aufgenommen und in den Bestandsdaten der Leitung hinterlegt werden.

Ein theoretisches Beispielnetz verdeutlicht das Kosteneinsparungspotential in **Tabelle 7.2**. Die angenommenen Leckstellenhäufigkeiten sind sehr überspitzt dargestellt um mögliche Unterschiede zu verdeutlichen.

Exemplarisch sind drei Varianten dargestellt (**Tabelle 7.3**). Bei Variante 1 wird das gesamte Netz in einen Überprüfungsabschnitt eingeteilt. In Variante 2 wird in den Druckstufen unterschieden. Bei Variante 3 wird zusätzlich zur Variante 2 der Abstand zur Bebauung berücksichtigt.

Bei angenommenen Überprüfungskosten für oberirdische Überprüfung und Streckenkontrolle ergeben sich die in **Tabelle 7.4** dargestellten jährlichen Überprüfungskosten.

Bei Variante 3 kann der Aufwand bei gleichem Sicherheitsniveau regelwerkskonform auf weniger als die Hälfte gesenkt werden. Der Planungsaufwand ist nicht unerheblich, jedoch gegenüber den eingesparten Kosten gering. Gerade in Zeiten mit begrenzten Mannschaftsstärken und Dienstleisterkapazitäten ist hier eine genaue Planung unerlässlich.

Tabelle 7.4: Kosten der unterschiedlichen Varianten

Auswertung	oberirdische Überprüfung		Streckenkontrolle		Summe Kosten [€/a]
	[km]	[€/km]	[km]	[€/km]	
Variante 1	4820	65			313.300
Variante 2	2185	65			142.025
Variante 3	950	65	7760	10	139.350

✎ Exemplarische Fragen zur Selbstkontrolle

(1) Was ist bei der Überprüfung von Versorgungs- und Anschlussleitungen zu beachten?

(2) Wer legt die Überprüfungsabschnitte fest?

(3) Wer legt fest, ob außerhalb der Bebauung eine oberirdische Überprüfung oder eine Streckenkontrolle erfolgt?

(4) Kann der Überprüfungszyklus einer Leitung durch die Einteilung in einen anderen Überprüfungsabschnitt gestreckt werden?

(5) Wovon ist der Überprüfungszyklus einer Leitung abhängig?

(6) Woraus ergibt sich die Leckstellenhäufigkeit?

(7) Was ist bei der Streckenkontrolle als Alternative zur oberirdischen Überprüfung innerhalb der Bebauung zu beachten?

8. Leitungsortung

Hans Petrenz

➢ Lernziele

- Gesetzliche Grundlagen und Bedeutung der Leitungsortung
- Grundsätzliche Funktion der Ortungsgeräte
- Grenzen der Leitungsortung
- Praktische Hinweise für die Anwendung

8.1 Überblick

In zwei Jahrhunderten Gasversorgung ist es schon häufig vorgekommen, dass eine Leitung wiedergefunden werden musste. Spätestens bei einer Baumaßnahme an der Leitung oder in ihrer Nähe muss der Verlauf genau ersichtlich sein. Oftmals gibt das Planwerk dort eine ausreichende Genauigkeit. In einzelnen Fällen ist aber eine Leitungsortung erforderlich. Im Hochdruckleitungsbereich sind oftmals keine Gebäude zum Einmessen vorhanden, sodass dort häufiger auf die Leitungsortung zurückgegriffen

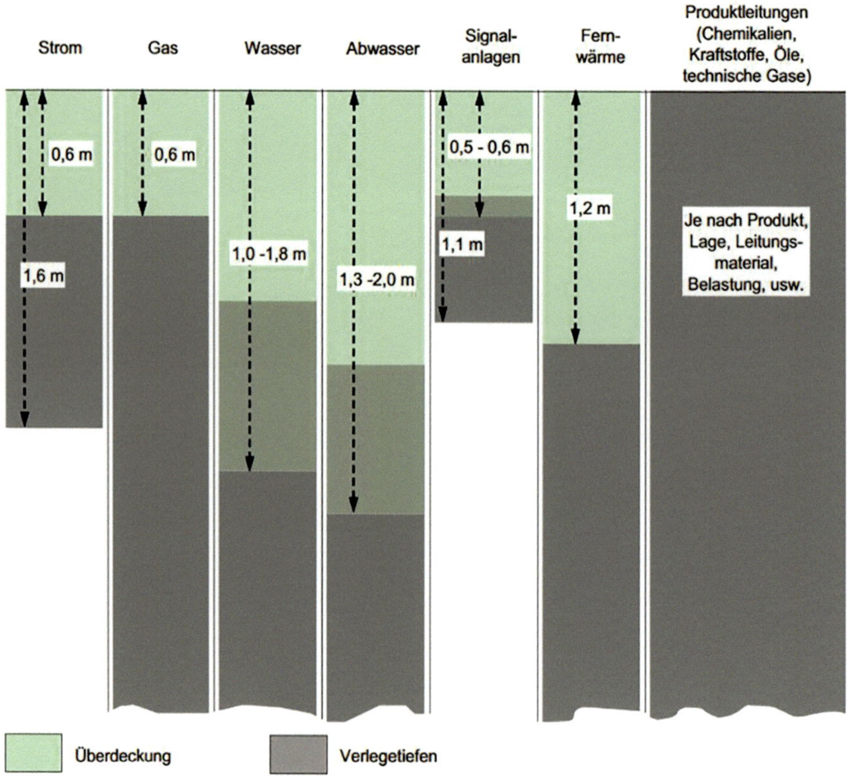

Bild 8.1: Die Regelverlegetiefen sind nur ein Anhaltspunkt.

wird. Die Ortung kann mittels Suchschachtung und anschließender Oberflächenwiederherstellung relativ teuer werden, sodass geeignete Ortungstechnik den Vorzug erhält.

Bei Baumaßnahmen in den Untergrund, z.B. einer Leckstellenbeseitigung, ist der Unternehmer gesetzlich verpflichtet den Arbeitsbereich zu prüfen.

Dafür ist von folgenden Stellen eine Leitungsauskunft einzuholen:

a. Netzbetreiber von Ver- und Entsorgungsnetzen (Strom, Gas Wasser, Abwasser)

b. Netzbetreiber von Telekommunikationsnetzen

c. Private Betreiber (z.B. Antennengemeinschaften)

d. Baulastträger von Straßen, Autobahnen, usw.

e. Betreiber zur Versorgung von Streitkräften

Die Betreiber werden dann Planwerk, Auflagen und ggf. auch eine Einweisung anordnen. Wenn die Lage nicht eindeutig ist, wird die Leitung geortet. Findet der Unternehmer bei den Arbeiten unbekannte Leitungen sind die Arbeiten bis zur Klärung zu unterbrechen. Bei fahrlässiger Handlungsweise muss er mit bis zu 3 Jahren Freiheitsstrafe rechnen.

8.2 Funktionsprinzip

Für die Ortung von Leitungen gibt es in Abhängigkeit vom Werkstoff der Leitung und vom Medium unterschiedliche Möglichkeiten. Für Gasleitungen aus Stahl und Guss wird sich die, 1831 von Michael Faraday entdeckte, elektromagnetische Induktion zu Nutze gemacht.

Dabei wird die Gasleitung an einen Wechselstrom angeschlossen. Nun bildet der Strom rund um die Leitung ein elektromagnetisches Feld aus. Das Feld kann sich wie Linien „Feldlinien" um die Leitung herum vorgestellt werden. Die Stärke des Feldes nimmt mit

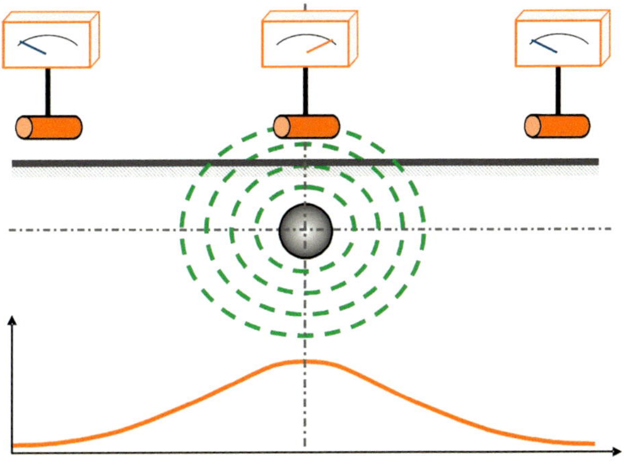

Bild 8.2: Maximum Methode mit waagerecht angeordneter Spule, bei der in jedem Fall Strom induziert wird.

zunehmendem Abstand zur Leitung ab. Hält man nun einen Leiter oder eine Spule in das Feld kann eine Spannung gemessen werden. Obwohl sich die beiden Leiter nicht berühren kommt es zum Stromfluss. Dieses Phänomen wird Induktion genannt.

Es wird also ein Generator für die Wechselstromquelle, eine Anschlussmöglichkeit an die Gasleitung und ein Empfänger benötigt. Je näher der Empfänger dem Mittelpunkt der „aktivierten" Leitung kommt, des so größer wird der detektierte Ausschlag am Gerät sein. Dieses Vorgehen nennt man „Maximum" Methode.

Bei der „Minimum" Methode wird die Geometrie der „Feldlinien" benutzt. Die Spule ist dafür senkrecht im Empfänger angeordnet. Dabei wird der Spule genau oberhalb der Leitung quasi senkrecht durchströmt und dabei wird physikalisch kein Strom induziert. Wichtig hierbei ist, dass das Ortungsgerät auch genau gerade, senkrecht gehalten wird. Moderne Geräte werden mit beiden Spulen ausgerüstet und können die Modi am Gerät umschalten.

Bei Leitungen die schon unter Strom stehen, kann auf den Generator verzichtet werden. Dies gilt für unter Last stehende Stromkabel und für mit kathodischem Korrosionsschutz beaufschlagte Leitungen.

Elektromagnetische Felder können sich überlagern und dadurch verzerren. Hier wird zur eindeutigen Identifizierung der Leitung, eine weitere Eigenschaft des Wechselstroms zu Nutze gemacht. Die Frequenz gibt an, wie schnell sich die Spannung pro Sekunde wechselt. In der europäischen Energieversorgung sind es 50 Wechsel pro Sekunde, das entspricht 50 Hertz [Hz].

Typische Frequenzen sind:

a. 50 Hz Energieversorgung

b. 16,7 Hz Bahnstrom

c. 100 Hz Kathodischer Korrosionsschutz

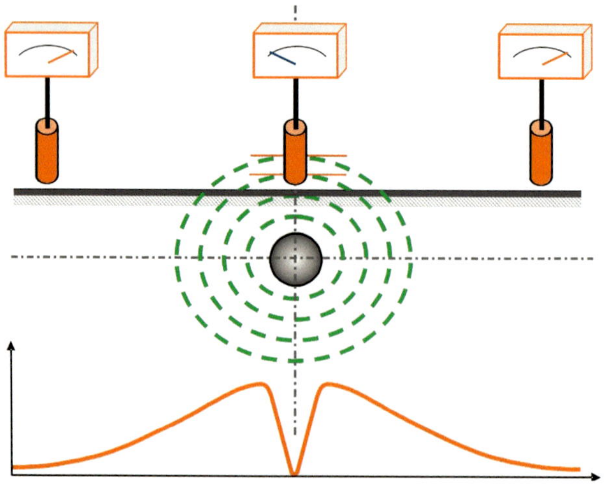

Bild 8.3: Minimum Methode

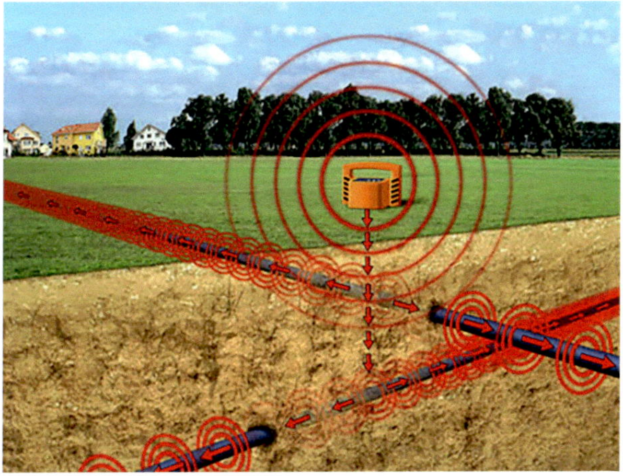

Bild 8.4: Aktivierung einer fremden Leitung bei induktiver Ankopplung.

Moderne Ortungsgeräte bieten dem Anwender eine Auswahl an möglichen Frequenzen:

Doch welche ist die Richtige?

1. Die Induktion steigt mit der Frequenz
2. Hohe Frequenzen können also das Finden vereinfachen, verseuchen jedoch auch gerne ein ganzes Gebiet durch das aktivieren von „Fremdleitungen"
3. Niedrige Frequenzen sind eher „spurtreu", markieren also nur die zu ortende Leitung
4. Für die indirekte Ankopplung wir eine höhere Frequenz ab ca. 10 kHz benötigt
5. Widerstand des Erdreichs
6. Lage von Fremdleitungen

Das elektromagnetische Feld durchdringt sehr gut Materialien und kann so auch bei höheren Tiefen oder bei Schutzrohren angewandt werden. Jedoch kann das Feld verzerrt oder gestört werden. Besonders Streuströme, Straßenbahnanlagen, vagabundierende Ströme und auch der eigene Ortungsgenerator können das Feld stören. Hierbei gilt die eingebrachte Energie ist nur so hoch wie nötig zu wählen.

Diese Ortungsmöglichkeit funktioniert jedoch nicht bei Leitungen aus PE oder PVC.

8.3 Anwendung

Als erstes ist das elektromagnetische Feld zu erzeugen. Dafür ist ein Anschluss an die Leitung erforderlich. Dieser kann direkt leitend also galvanisch erfolgen. Hierfür bieten sich Schieber, oberirdischen Leitungen, freigelegte Teile der Leitung oder Hauseinführungen an. Teilweise ist dies nicht möglich. Wenn der direkte Anschluss zu weit ent-

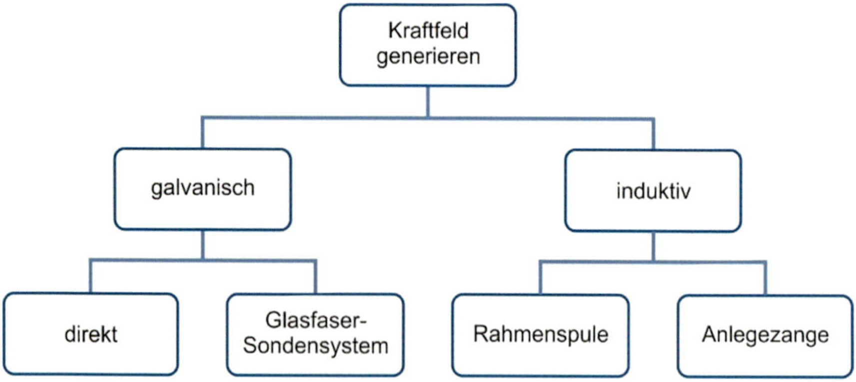

Bild 8.5: Generierung des elektromagnetischen Feldes

fernt ist, dann kann das Feld auch nicht mehr detektiert werden, da es mit zunehmender Entfernung an Energie verliert.

Beim direkten Anschluss sind entweder zwei Teile des Leitungssystems zu verbinden, auch Leiterschleife genannt, oder es ist ein Erdspieß zu setzen. Der Widerstand zwischen Erdspieß und Leitung sollte gering sein und 1000 Ohm nicht überschreiten. Denn es ist ein Stromfluss zu gewährleisten, fließt kein Strom wird auch kein elektromagnetisches Feld generiert. Der Vorteil der direkten Anbindung ist die Selektivität, es wird hauptsächlich die gesuchte Leitung „aktiviert".

Für die effektive Ausnutzung der direkten Ankopplung gilt, die Energie sollte nicht geteilt werden. Soll also eine Hausanschlussleitung geortet werden, ist der Anschluss

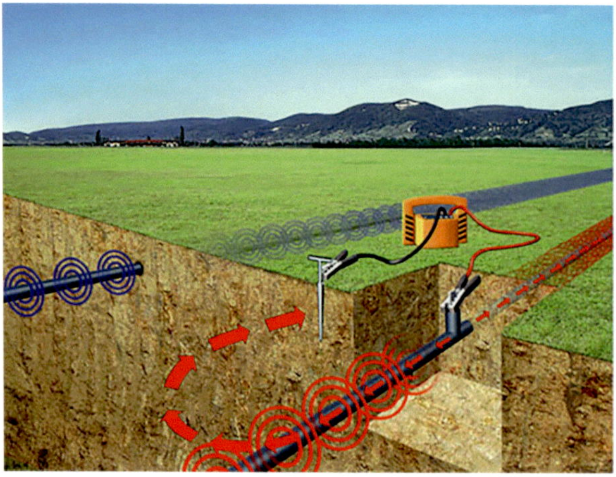

Bild 8.6: direkte Ankopplung

Bild 8.7: Glasfaser-sondensystem

an der Hauseinführung zu bevorzugen, da der Strom so nicht in der Versorgungsleitung abfließen kann.

Ist eine direkte Ankopplung nicht möglich oder nicht sinnvoll, kann das elektromagnetische Feld um die Leitung auch induktiv generiert werden. Dabei ist eine Sendespule erforderlich. Diese wird oberhalb der Leitung platziert. Bei Einschalten wird nun innerhalb der Sendespule ein Strom fließen, dieser generiert ein elektromagnetisches Feld um die Spule herum. Dieses Feld regt nun auch die Leitung an ein eigenes zu bilden. Siehe auch Abbildung 8.4

Es liegt auf der Hand, dass in der Nähe der Generatorspule keine ordentlichen Ergebnisse erzielt werden können, sodass die Hersteller einen Abstand von 5-10 m je nach Gerät empfehlen. Dabei ist das Risiko, das Feld auch auf andere in der Nähe befindlichen Fremdleitungen zu übertragen groß. Sollten weitere elektrisch leitende Leitungen, wie z.B. Kabel, oberhalb der Gasleitung befinden, werden Sie das Messergebnis verfälschen. Durch den indirekten Eintrag der Energie ist die Reichweite auch geringer als bei der direkten Ankopplung.

Mit Hilfe eines in die Leitung eingebrachten Sondensystems können auch außer Betrieb genommene PE- oder PVC Leitungen geortet werden. Dabei ist die Sondenlänge zu beachten.

8.4 Tiefenmessung

Mit Hilfe der elektromagnetischen Induktion ist es möglich, auch Informationen über die Tiefe der Rohrleitung zu erhalten. Die Messung in einem ungestörten Feld ist auch

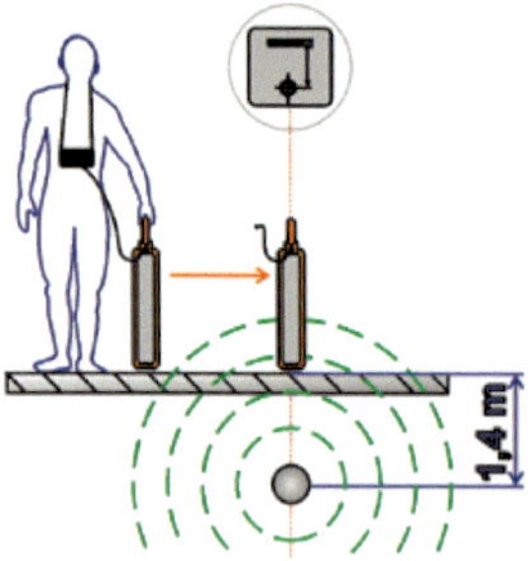

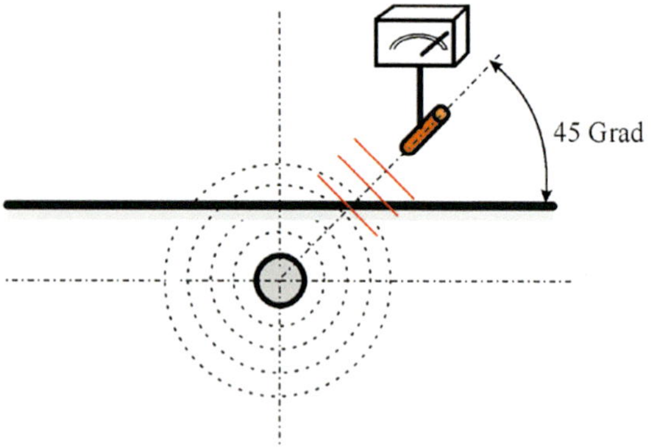

Oder Tiefenmessung mit 2 Spulen

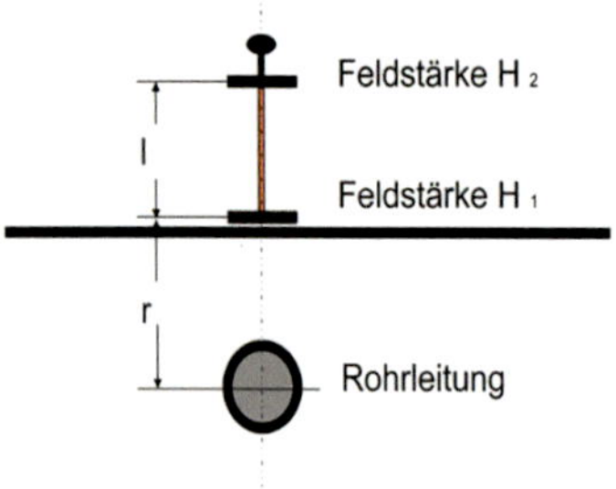

- Formel zur Berechnung der Kraftfeld-Mitte

$$\text{Tiefe } r = \frac{l}{\frac{H_1}{H_2} - 1}$$

Bild 8.8: Prinzip der Tiefenermittlung

sehr genau. Sind Feldstörungen durch Fremdleitungen oder Fremdströme zu erwarten sind Maßnahmen zur Reduktion des Einflusses zu treffen. Dabei können die Messungen an mehreren Stellen der Leitung erfolgen, um die Genauigkeit zu erhöhen. Ein Messfehler von ca. +/– 10 % von der tatsächlichen Tiefenlage ist dabei durchaus möglich.

Zur Bestimmung der Tiefe werden sich die „Feldlinien" zu Nutze gemacht. Beim Minimum-Prinzip wird, wenn das Gerät genau 90° zum Boden gehalten wird, genau oberhalb der aktivierten Leitung kein Ausschlag gemessen.

Das Ortungsgerät wird im 45° Winkel quer zur Leitung geführt, das Minimum wird auf dem Boden markiert. Anschließend wird das Gerät erneut, von der anderen Seite wieder um 45° (in die andere Richtung), quer zur Leitung geführt. Das Minimum wird wieder markiert. Nun befinden sich zwei Markierungen neben der Leitung und der Abstand zwischen den beiden entsprecht genau der halben Tiefe. Der aufmerksame Leser wird nun erkannt haben, dass die Tiefe unabhängig vom Durchmesser der Leitung bestimmt wird. Daher ist es wichtig zu wissen, dass der angezeigte oder berech-

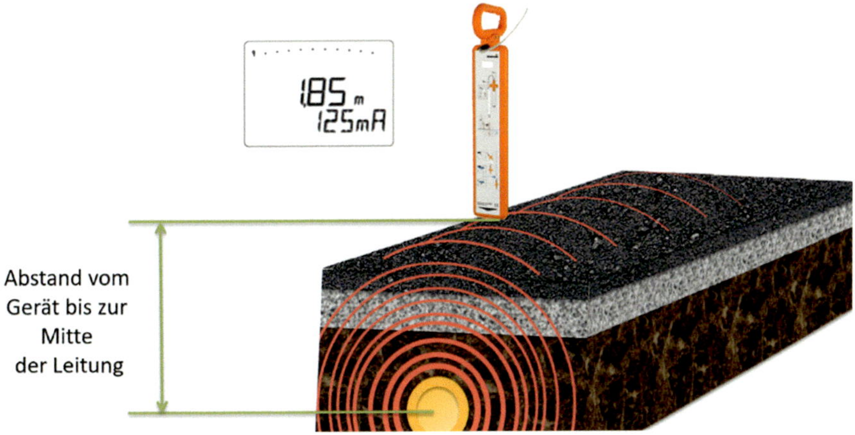

Bild 8.9: Der Abstand wird zur Rohrachse angezeigt

nete Wert sich auf die Rohrachse also die Rohrmitte bezieht. Soll nun die Überdeckung ermittelt werden, wird von der Tiefe der halbe Durchmesser der Leitung abgezogen.

Alternativ kann die Feldstärke in unterschiedlichem Abstand über dem Boden gemessen werden und über diese Werte Rückschlüsse zur Tiefe getroffen werden.

Moderne Geräte kombinieren diese Verfahren und können die Tiefe bei der normalen, senkrechten Leitungsortung ermitteln. Dazu sind im Empfängerkopf mehrere Spulen mit einem definierten Abstand eingebaut. Hierbei ist es wichtig den Empfänger genau senkrecht zu halten. Um die angezeigte Tiefe zu kontrollieren, kann das Gerät um einen definierten Abstand zum Boden angehoben werden. Wenn also das Gerät um z. B. 30 cm angehoben wird, müsste sich auch die Tiefe um 30 cm erhöhen.

8.5 Nichtleitende Leitungen

Im Laufe der letzten 40 Jahren sind zu den klassischen Stahl- und Gussleitungen immer mehr PVC- und später PE-Leitungen hinzugekommen. Leider leiten diese Leitungen nicht und können, ohne Weiteres, nicht mithilfe des elektromagnetischen Feldes lokalisiert werden. Wenn beim Verlegen der Leitung schon an die spätere Ortung gedacht wird, können folgende Maßnahmen eingebaut werden:

- Trassenwarnband mit eingeschweißtem Kupferdraht, sogenanntes Ortungsband
- Ortungskabel
- Ortungsschirm

Jedoch besteht die Möglichkeit, dass diese Maßnahmen bei späteren Arbeiten z.B. einer Leckstellenbeseitigung beschädigt werden und nicht mehr zu Orten sind.

Spätestens dann müssen alternative Verfahren angewandt werden:

- Akustische Ortung über einen Schwingungsanreger

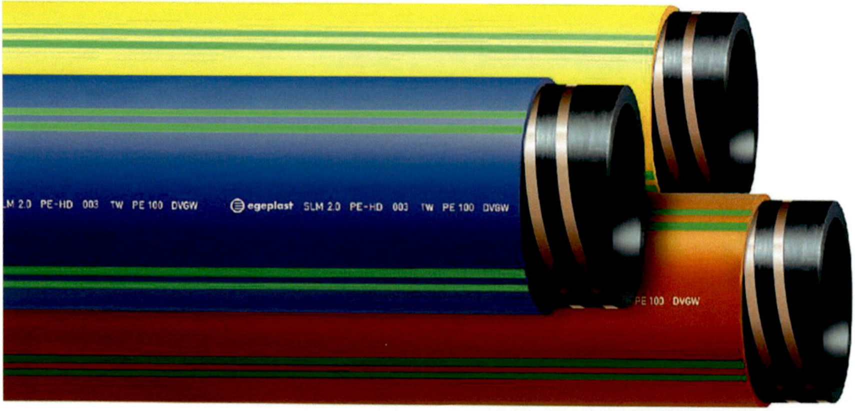

Bild 8.10: PE-Leitung mit eingearbeitetem Kupferschirm

- Georadar
- Glasfasersondensystem

Die akustische Ortung eines gasförmigen Mediums ist nicht sonderlich erfolgsversprechend. Auch der Einsatz eines Georadars, welcher ähnlich eines Echolots funktioniert und unterschiedliche Dichten im Boden feststellt, liefert zwar Ergebnisse, jedoch werden fundierte geophysikalische Kenntnisse zur Bewertung dieser Ergebnisse benötigt. Aktuell wird an einer Weiterentwicklung des Georadars und an praktikablen Analysealgorithmen gearbeitet.

8.6 Kappenortung

Die modernen Gasnetze mit geringen Leckstellenhäufigkeiten lassen größere Überprüfungsintervalle zu. Dabei kann es passieren, dass sich Mutter Natur oder das neue gepflasterte Carport einzelne Schieber einverleibt. Nun können der Schieber, das Ventil oder die Straßenkappe nicht mehr gesichtet werden.

Hier kann ein Metalldetektor Abhilfe schaffen. Dieser erzeugt mittels zwei Spulen ein Magnetfeld, welches durch eine Straßenkappe oder ein Gestänge beeinflusst wird. Die Beeinflussung erfolgt nur genau unterhalb des Metalldetektors und reagiert, wie der Name es schon verrät, nur auf Metalle. Hier kann aber bei einer PE-Leitung die Straßenkappe aus Guss gefunden werden.

Alternativ kann ein Magnetometer eingesetzt werden. Dabei wird sich das Magnetfeld der Erde zu Nutze gemacht. Dieses erzeugt besonders bei Eisen- und Stahlkörpern einen eigenen Nord und Südpol. Wird nun ein feingelagerter Kompass „nördlich" vom Nordpol des Körpers vorbeigeführt, wird er einen Ausschlag nach Süden anzeigen. Dieses Phänomen wird durch ein entsprechendes digitales Gerät verstärkt, so kann eine Tiefe von bis zu einem Meter erreicht werden.

✎ Exemplarische Fragen zur Selbstkontrolle

(1) Welche Leitungen können selbst ein elektromagnetisches Feld ausbilden.

(2) Die angezeigte Tiefe beträgt 0,9 m welche Überdeckung weist die DN300 Stahlleitung auf?

(3) Wie können eingewachsene Schieberkappen gefunden werden?

(4) Die Gasleitung wurde einmal von links im 45° Winkel und einmal von rechts im gegenüberliegenden 45° Winkel geortet. Die Minima wurden auf dem Boden markiert, der Abstand beträgt 2,2 m. Wie tief liegt die Rohrachse?

(5) Wie können PE- oder PVC Leitungen sicher geortet werden?

Antworten

✔ Antworten zu exemplarischen Fragen Kapitel 1

(1) Normen und technische Regelwerke dienen der Vereinheitlichung von Anforderungen an Produkte, Verfahren, Dienstleistungen, Management und Organisation.

(2) Die gesetzliche Grundlage für das DVGW-Regelwerk ist das Energiewirtschaftsgesetz (EnWG).

(3) Das Gesetz geht in Form einer Vermutungsregelung davon aus, dass die geforderte Einhaltung der allgemein anerkannten Regeln der Technik bei Errichtung und Betrieb von Energieanlagen gegeben ist, wenn bei Anlagen zur Erzeugung, Fortleitung und Abgabe von Gas die technischen Regeln der Deutschen Vereinigung des Gas- und Wasserfaches e. V. eingehalten worden sind.

(4) Das Regelwerk der Deutschen Gesetzlichen Unfallversicherung dient der Unterstützung der Unternehmer und Versicherten bei der Wahrnehmung ihrer Pflichten im Bereich Sicherheit und Gesundheitsschutz. Es enthält Empfehlungen im Sinne anerkannter Regeln der Technik.

(5) Das DVGW-Arbeitsblatt G 465-1 gibt Aussagen zum Überprüfungsturnus von Gasleitungen, Aussagen zum Überprüfungsturnus von Graugussleitungen, beschreibt planmäßige und situationsbedingte außerplanmäßige Überprüfungen und geht auch auf die Überprüfungsmethoden „Oberirdische Überprüfung mittels Gaskonzentrationsmessgeräten und Gasferndetektionsverfahren" und „Prüfung der Bodenluft zur Klassifikation der gefundenen Leckstelle" ein.

(6) Die Überprüfung von Gasrohrnetzen umfasst alle Versorgungs- und Netzanschlussleitungen bis einschließlich der innenliegenden Teile des Netzanschlusses, der Hauptabsperreinrichtungen. Netzanschlussleitungen werden in der Regel gleichzeitig mit den Versorgungsleitungen überprüft.

(7) Nach DVGW-Arbeitsblatt G 466-1 und DVGW-Arbeitsblatt G 465-1.

(8) Die oberirdische Überprüfung ist 1-mal jährlich durchzuführen

(9) Das Merkblatt G 465-3 befasst sich thematisch mit der Beurteilung von im Rahmen der Rohrnetzüberprüfung festgestellten Leckstellen. Beschrieben werden die Ursachen von Leckstellen, die Einflussgrößen auf die Gasausbreitung, die Vorgehensweise zur Lokalisation und Klassifikation gefundener Leckstellen und der weitere Umgang mit Leckstellen und Verfahrensabläufe bis hin zu deren Beseitigung.

(10) Das Merkblatt beinhaltet die wesentlichen Anforderungen an die bei Gastransport, Gasverteilung und Gasanwendung zum Einsatz kommende mobile Gerätetechnik und deren Einsatzmöglichkeiten. Neben den allgemeinen Anforderungen an die Gerätetechnik werden Einsatzfälle der Gerätetechnik beschreiben und Vorgaben zur Prüfung von Gaskonzentrationsmessgeräten gegeben.

✔ Antworten zu exemplarischen Fragen Kapitel 2

(1) Explosionsgefahr; Erstickungsgefahr

(2) ppm, % UEG, Vol.-%

(3) Explosionsgefahr; Erstickungsgefahr, Gesundheitsgefahr (Vergiftung)

(4) durch Ethan

(5) dv = 0,6 (Erdgas ist um das 0,6-fache leichter als Luft)

(6) 4 – 17 Vol.-% Erdgas

(7) 2 – 10 Vol.-% Flüssiggas

(8) 30 ppm

(9) 1000 ppm

(10) 5 ppm

✔ Antworten zu exemplarischen Fragen Kapitel 3.1

(1) Der Netzbetreiber und der Gasspürer

(2) Dauerhaft und fest angestellt, gültiger Gasspürerausweis bzw. Qualifikation bspw. Gemäß G 468-2

(3) Geeignete Fachkräfte

(4) Arbeiten im Straßenverkehr, Umgang mit elektrischen Geräten, usw.

(5) Kontrolle der Arbeit und Dokumentation des Gasspürers

(6) Kontrolle der Arbeit und Dokumentation des Gasspürers, Organisation der Gasrohrnetzüberprüfung

(7) Sachkundiger nach DVGW-Merkblatt G 465-4

(8) Der Netzbetreiber

(9) Der Gasspürer

(10) Der verantwortliche Fachmann, die technische Führungskraft/Fachkraft und der Gasspürer

✔ Antworten zu exemplarischen Fragen Kapitel 3.2

(1) Die Leckstellenhäufigkeit ist der Quotient aus der Anzahl der gefundenen Leckstellen und der überprüften Leitungslänge (in km). Dabei darf nur die tatsächlich überprüfte Leitungslänge herangezogen werden.

(2) DIN 2425 und GW 120

(3) 1:2.500 und 1:5.000

(4) 1:500 und 1:1.000

✔ Antworten zu exemplarischen Fragen Kapitel 3.3.2

(1) Die Anzahl von Leckstellen pro Kilometer geprüfte Leitungslänge

(2) Durch oberirdische Überprüfung nach Zumischung von Wasserstoff oder durch Prüfung Bodenluft.

(3) Sie wird kleiner

(4) Ab 10 ppm Brenngas im Raum

(5) Der Netzbetreiber

(6) 16 bar Betriebsdruck

(7) Er sollte 1 Meter nicht überschreiten

(8) Begehen, Befahren, Befliegen

(9) Der Netzbetreiber

(10) Nein, bei Straßenkappen handelt es sich nicht um einen Hohlraum

✔ Antworten zu exemplarischen Fragen Kapitel 3.4

(1) Vor Beginn der Arbeiten im Rahmen der Vorbesprechung

(2) G 465-1, G 466-1

(3) Die Dokumentation dient dem Netzbetreiber als Grundlage für die notwendige lückenlose Abarbeitung der nicht geprüften Leitungsteile.

✔ Antworten zu exemplarischen Fragen Kapitel 4

(1) Flammenionisationsdetektion

(2) Wärmeleitfähigkeit, Infrarotabsorption

(3) Einsatzfall Prüfung Bodenluft

(4) Einsatzfall Prüfung freiverlegter Gasleitungen und von Anlagen

(5) Einsatzfall Ethananalyse (Ethantest)

(6) Einsatzfälle: oberirdische Überprüfung, Prüfung Bauwerk, Prüfung freiverlegte Leitungen

(7) Einsatzfall Oberirdische Überprüfung

(8) Das Unternehmen des Anwenders der Gerätetechnik

(9) Überprüfung des Bauwerkes auf eindringendes Gas

(10) 10 ppm Brenngas

✔ Antworten zu exemplarischen Fragen Kapitel 5

(1) Gangzahl, maximales Drehmoment, äußere Dichtheit

(2) Geeignete Fachkräfte

(3) G 465-1

(4) 12 Jahre

(5) Äußere Dichtheit, Sichtkontrolle Korrosion, Gangbarkeit

(6) Der Schieber hat abhängig von der Gangzahl mehrere Umdrehungen von „Auf" nach „Zu", der Kugelhahn eine 90°-Umdrehung

(7) Zu hohes Ablösedrehmoment, keine Betätigung mehr möglich, Undichtigkeit zu hoch

✔ Antworten zu exemplarischen Fragen Kapitel 6

(1) Der Messwert ist abhängig von der Gaskonzentration und der Länge der Strecke durch die Gaswolke, durch die der Laser misst.

(2) „Prüfung freiverlegter Leitungen"

(3) Teleskopsonde, Arbeitsbühne, PSAgA

(4) Auf konstruktive Mängel

(5) Nach vorgefundener Leckstelle ist die Konzentration im Umfeld von 10 cm von der Leckstelle zu messen. Die gemessene Konzentration und zusätzliche Konzentrationen in kleineren Hohlräumen bestimmen die Leckklasse.

(6) L1, L2 und L3

(7) K1, K2 und K3

(8) Arbeitsumfang, Ansprechpartner, Zuständigkeitsgrenzen, Fotografiergenehmigung

(9) 3 Wege: 1. Führen einer Schadens- und Mängelliste; 2. Kennzeichnung im Planwerk; 3. Anbringen von Hinweiskarten

(10) Neben den Parametern muss die ermittelte Leckstellenhäufigkeit enthalten sein.

✔ Antworten zu exemplarischen Fragen Kapitel 7

(1) Versorgungs- und Anschlussleitungen sind zusammen zu überprüfen.

(2) Der Netzbetreiber

(3) Das DVGW-Regelwerk und der Netzbetreiber

(4) Nein!

(5) Leckstellenhäufigkeit, Werkstoff, Druckstufe und Abstand zur Bebauung

(6) Gefundene Schäden aus der oberirdischen Überprüfung, geprüfte Leitungslänge, Schäden aus Störungen auf der Leitung

(7) Eine Streckenkontrolle innerhalb der Bebauung als Alternative zur oberirdischen Überprüfung ist nicht zulässig.

✔ Antworten zu exemplarischen Fragen Kapitel 8

(1) Stahl- und Gussleitungen

(2) 0,75m

(3) Mittels Magnetometer oder Metalldetektor

(4) 1,1m

(5) Ortungsband, Ortungskabel, Ortungsschirm oder Glasfasersondensystem

Literatur

Literatur zu Kapitel 2

[1] DVGW-Regelwerk und DVGW-Seminarunterlagen G 468-2

[2] Norman Jänchen: Grundlagen und Praxis der Gasrohrnetzüberprüfung, Vulkan-Verlag Essen, 3. Auflage 2010, 1. Die Gasrohrnetzüberprüfung und das DVGW-Regelwerk

[3] Norman Jänchen: Grundlagen und Praxis der Gasrohrnetzüberprüfung, Vulkan-Verlag Essen, 3. Auflage 2010, 3. Grundwissen im Gasfach für die Gasrohrnetzüberprüfung

[4] Tröger, Hans-Jürgen: Grundlagen und Praxis der Gasrohrnetzüberprüfung, Vulkan-Verlag Essen, 3. Auflage 2010, 5. Wirkprinzipien für Gasspür- und Gaskonzentrationsmessgeräte

[5] Tröger, Hans-Jürgen: Grundlagen und Praxis der Gasrohrnetzüberprüfung, Vulkan-Verlag Essen, 3. Auflage 2010, 6. Einsatzfälle für Gaskonzentrationsmessgeräte

Literatur zu Kapitel 3.1

[1] DVGW-Regelwerk

[2] DVGW-Seminarunterlagen G 468-2

[3] Ulbrich, Michael: Grundlagen und Praxis der Gasrohrnetzüberprüfung, Vulkan-Verlag Essen, 3. Auflage 2010, Organisation und Qualitätsmanagement

[4] Dübbel, Ingo: Grundlagen und Praxis der Gasrohrnetzüberprüfung, Vulkan-Verlag Essen, 3. Auflage 2010, Zertififzierung von Gasrohrnetzüberprüfungsfirmen nach Arbeitsblatt G 468-1

[5] Schweitzer, Andreas: Grundlagen und Praxis der Gasrohrnetzüberprüfung, Vulkan-Verlag Essen, 3. Auflage 2010, Praxis der Gaslecksuche

[6] Jockenhöfer, Rainer: Grundlagen und Praxis der Gasrohrnetzüberprüfung, Vulkan-Verlag Essen, 3. Auflage 2010, Qualifikation des Personals

[7] Betriebssicherheitsverordnung 2015

[8] Arbeitsschutzgesetz 1996

[9] Bürgerliches Gesetzbuch 2003

[10] Richtlinie für die Sicherung von Arbeitsstellen an Straßen 1995

[11] Avacon Netz GmbH, Betriebsanweisung Gasrohrnetzüberprüfung mit GPS-Unterstützung, Thomas Murza 2015

Literatur zu Kapitel 3.2

[1] DVGW-Regelwerk und DVGW-Seminarunterlagen G 468-2

[2] Jänchen, Norman: Grundlagen und Praxis der Gasrohrnetzüberprüfung, Vulkan-Verlag Essen, 3. Auflage 2010, 1. Die Gasrohrnetzüberprüfung und das DVGW-Regelwerk

[3] Warner, Roland: Grundlagen und Praxis der Gasrohrnetzüberprüfung, Vulkan-Verlag Essen, 3. Auflage 2010, 1. Auswertung der Gasrohrnetzüberprüfung

[4] Kornemann, Kai: Grundlagen und Praxis der Gasrohrnetzüberprüfung, Vulkan-Verlag Essen, 3. Auflage 2010, 9. Vermessung und Planwerk

[5] Kornemann, Kai: Grundlagen und Praxis der Gasrohrnetzüberprüfung, Vulkan-Verlag Essen, 3. Auflage 2010, 10. Dokumentation

[6] Heimburger, Volker: Grundlagen und Praxis der Gasrohrnetzüberprüfung, Vulkan-Verlag Essen, 3. Auflage 2010, 12. Digitale Gasrohrnetzüberprüfung

[7] Ulbrich, Michael: Grundlagen und Praxis der Gasrohrnetzüberprüfung, Vulkan-Verlag Essen, 3. Auflage 2010, 13. Leistungsbeschreibung und -verzeichnis

[8] Mettenmeier GmbH, Klingenderstr. 10-14, 33100 Paderborn

Literatur zu Kapitel 3.3.2

[1] DVGW-Regelwerke

[2] Lauer: Probleme der Gaslecksuche über dichten Straßenbelägen, gwf-Gas/Erdgas (1988) Nr. 4

[3] Brötzenberger, Pass: Untersuchungen zur Ausbreitung von Erdgas im Boden, gwf Gas/Erdgas (1987) Nr. 2

[4] Tröger, H.-J.; u.a.: Gasspüren, Bedienanleitung und Grundwissen, Gasrohrnetzüberprüfung Gas - Anforderungen und Durchführung 57

[5] Seminarunterlagen der Hermann Sewerin GmbH, Gütersloh

[6] Grundlagen und Praxis der Gasrohrnetz-Überprüfung. Essen, Vulkan Verlag GmbH, 3. Auflage, 2010

Literatur zu Kapitel 3.4

[1] DVGW-Regelwerk und DVGW-Seminarunterlagen G 468-2

[2] Kornemann, Kai: Grundlagen und Praxis der Gasrohrnetzüberprüfung, Vulkan-Verlag Essen, 3. Auflage 2010, 9. Vermessung und Planwerk

[3] Kornemann, Kai: Grundlagen und Praxis der Gasrohrnetzüberprüfung, Vulkan-Verlag Essen, 3. Auflage 2010, 10. Dokumentation

[4] Heimburger, Volker: Grundlagen und Praxis der Gasrohrnetzüberprüfung, Vulkan-Verlag Essen, 3. Auflage 2010, 12. Digitale Gasrohrnetzüberprüfung

[5] ITS GmbH, Phoenixseestraße 6, 44263 Dortmund

Literatur zu Kapitel 4

[1] DVGW-Regelwerk und DVGW-Seminarunterlagen G 468-2
[2] Norman Jänchen: Grundlagen und Praxis der Gasrohrnetzüberprüfung, Vulkan-Verlag Essen, 3. Auflage 2010, 1. Die Gasrohrnetzüberprüfung und das DVGW-Regelwerk
[3] Norman Jänchen: Grundlagen und Praxis der Gasrohrnetzüberprüfung, Vulkan-Verlag Essen, 3. Auflage 2010, 3. Grundwissen im Gasfach für die Gasrohrnetzüberprüfung
[4] Tröger, Hans-Jürgen: Grundlagen und Praxis der Gasrohrnetzüberprüfung, Vulkan-Verlag Essen, 3. Auflage 2010, 5. Wirkprinzipien für Gasspür- und Gaskonzentrationsmessgeräte
[5] Tröger, Hans-Jürgen: Grundlagen und Praxis der Gasrohrnetzüberprüfung, Vulkan-Verlag Essen, 3. Auflage 2010, 6. Einsatzfälle für Gaskonzentrationsmessgeräte
[6] Schütz GmbH Messtechnik, Lahr
[7] Grundlagen und Praxis der Gasrohrnetzüberprüfung, Vulkan-Verlag Essen, 3. Auflage 2010

Literatur zu Kapitel 5

[1] DVGW-Regelwerk

Literatur zu Kapitel 7

[1] DVGW-Regelwerk
[2] Jänchen, Norman: Grundlagen und Praxis der Gasrohrnetzüberprüfung, Vulkan-Verlag Essen, 3. Auflage 2010, Die Gasrohrnetzüberprüfung und das DVGW Regelwerk
[3] Warner, Roland: Grundlagen und Praxis der Gasrohrnetzüberprüfung, Vulkan-Verlag Essen, 3. Auflage 2010, Auswertung der Gasrohrnetzüberprüfung

Literatur zu Kapitel 8

[1] Seminarunterlagen Leitungsortung Fa. Sewerin
[2] DVGW- Hinweis GW 316- „Orten von erdverlegten Rohrleitungen und Straßenkappen"
[3] Kai Kornemann: Grundlagen und Praxis der Gasrohrnetzüberprüfung, Vulkan-Verlag Essen, 3. Auflage 2010, Leitungsortung
[4] Roland Warner: Grundlagen und Praxis der Gasrohrnetzüberprüfung, Vulkan-Verlag Essen, 3. Auflage 2010, Auswertung der Gasrohrnetzüberprüfung

Stichwortverzeichnis

Inserentenverzeichnis

Firma	Seite
Berkenbusch Ingenieurbüro GmbH Angela-Braun-Str. 18a 66115 Saarbrücken www.berkenbusch.de	IX
Dräger & Howarde GmbH Hans-Böckler-Str. 72 58638 Iserlohn www.draeger-howarde.de	XIII
DVGW Deutscher Verein des Gas- und Wasserfaches e.V. Berufliche Bildung Josef-Wirmer-Str. 1-3 53123 Bonn www.dvgw-veranstaltungen.de	VI
Esders GmbH Hammer-Tannen-Str. 26 – 30 49740 Haselünne www.esders.de	89
INFICON GmbH Bonner Straße 498 50968 Köln www.inficon.com	XIV
Schütz GmbH Messtechnik Im Dornschlag 6 77933 Lahr, Schwarzwald www.schuetz-messtechnik.de	2. Umschlagseite
Hermann Sewerin GmbH Robert-Bosch-Str. 3 33334 Gütersloh www.sewerin.com	4. Umschlagseite